LA GRAN AVENTURA DE LA CIENCIA

LEONARDO MOLEDO
ESTEBAN MAGNANI

LA GRAN AVENTURA DE LA CIENCIA

MA
NON
TROPPO

UN SELLO DE EDICIONES ROBINBOOK

Información bibliográfica

C/ Indústria, 11 (Pol. Ind. Buvisa)

08329 — Teià (Barcelona)

e-mail: info@robinbook.com

www.robinbook.com

© 2006, Leonardo Moledo y Esteban Magnani

© 2008, Ediciones Robinbook, s.l., Barcelona

Diseño de cubierta: Regina Richling
Ilustración de cubierta: iStockphoto

Coordinación editorial: Àtona s.l.

Diseño interior: Fotocomposición gama, sl

ISBN: 978-84-15256-33-5

Depósito legal: B-20.291-2012

Impreso por Limpergraf, Mogoda, 29-31 (Can Salvatella),

08210 Barberà del Vallès

Impreso en España — Printed in Spain

Para Raquel y para mi coautor
e insoportable amigo, Esteban Magnani
L. M.

Para Bar y para el Planetario de la Ciudad de Buenos Aires
Galileo Galilei. Ambos, de distintas maneras, colaboraron
para que este libro pudiera existir
E. M.

A John Reed, por supuesto.
Y a Mariano Ribas, Máximo Rudelli, Alejandro López
y Cecilia Rodríguez
LOS AUTORES

ÍNDICE

Un día como otros, 19; Por encima de mí, 20; Tolomeo
compone un cielo complicado, 23; En tiempos de
Copérnico la astronomía llega a un callejón sin salida,
25; Avatares de nuestro héroe, 28; Copérnico mueve el
mundo, 29; El sistema de Copérnico resuelve algunas
cuestiones muy concretas, 30; Pero también tenía sus
grandes dificultades, 31; El prólogo fraguado, 33;
El libro no fue un *best seller*, 34; Elogio de Copérnico y
despedida (provisional), 36

Las excusas de Copérnico, 39; Tycho Brahe destruye las
esferas cristalinas, 40; Galileo mira por el telescopio y ve
cosas increíbles, 43; Galileo explica por qué no salimos
volando por los aires, 45; Kepler se enfrenta al círculo,
49; Newton emprende el camino, 51; Una manzana que
da la pista fundamental, 52; Newton escribe el libro de
la naturaleza que anunció Galileo, 54; La ley de
gravitación universal organiza el universo entero, 55;

INTRODUCCIÓN

En todas las épocas las ideas nuevas suelen ser confusas y sólo mucho después se pueden percibir líneas que las unen en forma más o menos nítida, del mismo modo que un paisaje necesita la distancia para mostrar su estructura general. Los científicos navegaron siempre en medio de mares de dudas, inseguros, a tientas, mezclando aciertos y errores; muchas veces puntos de partida erróneos permitieron un adelanto sustancial: aquellos que veían en el Sol un fuego central no sospechaban que ayudarían a Copérnico con la teoría heliocéntrica.

Incluso los que proponían ideas que hoy nos parecen disparatadas no eran irracionales, sino que estaban imbuidos de prejuicios de la época de los que quizás ni se daban cuenta y que a veces les impedían ver lo que hoy parece que estaba delante de sus ojos. Ninguna teoría sale de la nada y a veces necesita siglos de preparación, porque toda teoría científica es una teoría social, no individual, ya que surge de la cultura de una época y esa cultura está hecha por personas que aceptan o rechazan determinadas concepciones, tradiciones, o que tienen determinado sentido común. Así, los datos y los pensamientos se van acumulando y de pronto alguien encuentra la pequeña pieza que faltaba y que, a veces, estaba a la vista. Es ésa la razón por la cual el descubrimiento aparece como una iluminación: ya está todo formado y sólo falta encontrar el punto de vista apropiado para colocar el elemento que vuelve a dar significado al conjunto.

Hay algo de extraño y heroico en estos pensadores que lidiaban con problemas que hoy figuran resueltos en los libros de texto de la escuela primaria: ¿comprendían que estaban tanteando y a veces accionando palancas fundamentales de la naturaleza?

Ninguno de los protagonistas de estas diez teorías que cambiaron el mundo y que conformaron las vigas maestras de las cosas que pensamos, de la cosmología y la visión de la naturaleza en que creemos y las explicaciones que damos hoy, estuvo solo. Todos ellos se montaron en hombros de gigantes, y si vieron más lejos fue porque otros habían abierto el camino aunque no llegaran hasta el final, o bien porque la época no les había dado las herramientas suficientes, porque estaban trabados por prejuicios que no se atrevían a romper, porque no tuvieron suerte o, sencillamente, porque se equivocaron, aunque contribuyeron con esa misma equivocación a que quienes venían después no tuvieran que recorrer ese camino a ninguna parte.

La historia de la construcción de la ciencia moderna es la historia del pensamiento humano, del intento de explicar el mundo. Es parte del intento de contestar a las preguntas que tal vez se hizo algún antepasado nuestro en la entrada de su caverna, mientras avanzaban hacia el alba las oscuras esferas arrastrando los astros-dioses del principio, al amparo de un fuego encendido mediante la chispa que brota del golpe inteligente de dos piedras de sílex.

La obra de Copérnico y Newton, la gran revolución científica y los largos y complicados procesos que remataron en las teorías de Lavoisier y Darwin ayudaron a cercar vastos sectores del mundo y de la informal y difícil naturaleza, y a construir un edificio magnífico, presidido por la razón y corroborado por la empiria. Pero cada conquista permitía, a la vez, problematizar nuevos territorios y plantear nuevas y renovadas exigencias. Así, una vez dominada la combustión y ordenada la química, apareció la vieja pregunta sobre la estructura de la materia; y, una vez comprendida la manera en que las especies cambiaban a lo largo de los eones, el darwinismo necesitaba desesperadamente conocer los mecanismos de la herencia. Y continuamente aparecían nuevos interrogantes que ayudaban —o retrasaban— al montaje del rompecabezas.

Así, a lo largo de los siglos XIX y XX la ciencia avanzó confundiendo lo verdadero con lo erróneo, ensayando explicaciones disparatadas hasta dar con la correcta —o con la que parecía correcta—. Y tropezando una y otra vez en la misma piedra, se construyó la cosmogonía actual, que abarca desde las tortugas hasta las estrellas y desde los átomos hasta el universo entero.

El mundo es impiadoso con los que no tienen éxito y la ciencia no lo es menos. Cuando se reconstruye la manera en que creció y se expandió, se suele ignorar los miles de esfuerzos vanos, las vidas perdidas detrás de una hipótesis equivocada, los espejismos, los errores, las tonterías y hasta los fraudes. Y sin embargo, nadie sabe cuál es el error que ayudará a encontrar el camino correcto.

PARTE I

De Copérnico a Darwin

PART II

The Comparative Element

Capítulo 1

COPÉRNICO Y LA TEORÍA HELIOCÉNTRICA

Nicolás Copérnico

1. Un día como otros

... puedo estimar suficientemente lo que sucederá en cuanto algunos adviertan, en estos libros míos, escritos acerca de las revoluciones de las esferas del mundo, que atribuyo a la Tierra algunos movimientos y clamarán para desaprobarme por tal opinión.

NICOLÁS COPÉRNICO,
Sobre las revoluciones de las esferas celestes

En el año 1543 murió el gran pintor italiano Caravaggio, subió al cadalso Ana Bolena, segunda esposa de Enrique VIII de Inglaterra y Vesalio publicó su famoso *De Humanis Corporis Fabrica*, que inició la historia de la anatomía. Ese año nacieron y murieron miles de personas sin sospechar que se publicaba una obra muy particular, uno de esos libros que cambian la historia del pensamiento humano. Su autor era el astrónomo y clérigo polaco Nicolás Copérnico, que se hallaba ya en su lecho de muerte (efectivamente, murió, en los mismos días de la publicación, y no se sabe si llegó a ver un ejemplar de su obra). Y ese libro, que se llamaba *Sobre las revoluciones de las esferas celestes*, encerraba un mundo; un mundo que todavía no era, pero que habría de ser. Efectivamente, porque se ofrecía una solución nueva para uno de los más antiguos problemas de la ciencia y la filosofía: comprender cómo funciona el cielo.

2. Por encima de mí

Dos cosas me llenan de asombro y admiración: la conciencia moral dentro de mí y el cielo estrellado por encima de mí.

IMMANUEL KANT,
Crítica de la razón práctica

Si uno lo piensa, la observación del cielo tiene que ser tan antigua como la propia civilización; las primeras culturas identificaron a los astros con dioses y les atribuyeron la capacidad de influir sobre la vida de los hombres. Y no debe extrañar: el cielo muestra una regularidad y una permanencia que está muy lejos de las mudanzas humanas. Lo que cualquiera de nosotros ve en una noche estrellada es prácticamente lo mismo que vieron nuestros antepasados: los que anudaron los quipus y los que habitaron Tenochtitlan, los que cruzaron el océano, los que oyeron por primera vez recitar la *Ilíada*, los que construyeron las pirámides, los primeros hombres que hace 100.000 años abandonaron África y empezaron a esparcirse por el mundo. Es una sensación grandiosa de inmutabilidad y permanencia, como perfectamente describió Kant, una intuición de eternidad, en fin, que desafía a lo efímero de la vida cotidiana, y aun a la vida y la muerte.

Pero la verdad es que el cielo está muy lejos de la quietud: el Sol sale y se pone, la Luna cambia de forma y las estrellas lo cruzan de este a oeste cada noche. Y además, el Sol no tiene siempre la misma altura durante las distintas épocas del año, hay estrellas que dejan de verse durante meses y hay otras que se ven siempre. Y después de 365 días, las cosas están como al principio y todo vuelve a empezar una y otra vez, con una regularidad hipnótica que las culturas de la Antigüedad registraron muy bien: astrónomos hindúes, babilonios y egipcios elaboraron minuciosas tablas con estos datos, y los usaron para establecer calendarios muy precisos.

Son movimientos que, en realidad, se pueden explicar de una manera muy sencilla: basta con imaginar el cielo como una enorme esfera que rodea a la Tierra y que da una vuelta diurna y otra, independiente, anual. Pero resulta que con eso no es suficiente. Y no lo es porque, para empezar, es evidente que no todos los astros se mueven en bloque. El Sol y la Luna coinciden a veces, otras se separan y otras se alinean con la Tierra y provocan eclipses. Es obvio que tanto uno como la otra se mueven por su cuenta y cambian de posición, a lo largo del año, respecto de las estrellas. Entonces no basta con imaginar una esfera que engloba a todo el cielo: hacen falta por lo menos tres, una para las estrellas, otra para el Sol y una tercera para la Luna.

Pero resulta que tres esferas tampoco son suficientes. Ocurre que hay algunos puntos brillantes que tampoco se mueven solidariamente con las estrellas, el Sol o la Luna, sino que lo hacen, al parecer, por su cuenta. A medida que avanza el año cambian de posición sobre el fondo estrellado, de tal modo que en un mes están cerca de una determinada constelación y un poco después, cerca de otra, vagabundeando, sin respetar el movimiento uniforme y previsible de ese gran telón que cumple su impresionante ciclo anual a nuestro alrededor. Los observadores griegos los llamaron «astros errantes» o «vagabundos» (que en griego se dice «planetas») y, aceptando el orden y la tradición de la astronomía babilónica, los identificaron con dioses: Mercurio, Venus, Marte, Júpiter y Saturno. Obviamente, si se quiere explicar los movimientos del cielo, cada uno de estos planetas necesita una esfera más, y el sistema tiene así ya ocho esferas (estrellas, Sol, Luna y cinco planetas) que se mueven independientemente unas de otras alrededor de la Tierra.

No parece grave: la verdad es que imaginarse ocho esferas para explicar algo tan grandioso como el funcionamiento del cielo no es cosa del otro mundo, pero resulta que con esas ocho esferas tampoco es suficiente. Porque ocurre que los planetas se mueven de una manera extraña. A lo largo del año, Marte, por ejemplo, avanza durante un tiempo en el cielo, luego se detiene y empieza a retroceder, también durante un cierto lapso, hasta que retoma su movimiento hacia adelante, en un desconcertante zigzag...

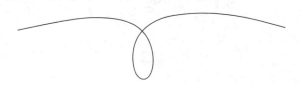

¿Cómo se explicaba ese movimiento retrógrado que, del mismo modo que Marte, cumplen todos los planetas? Y además, los planetas cambian de brillo, como si se acercaran y se alejaran, algo imposible, ya que los puntos de una esfera están siempre a la misma distancia de su centro. Tampoco parecía fácil.

Y no lo era. En el siglo v a. C. Platón, uno de los filósofos más influyentes de la Antigüedad (y de todos los tiempos), exigía que todos los fenómenos celestes se explicaran como combinaciones de círculos y esferas, que para él constituían los síntomas de la perfección: es lo que se conocería como «el mandato de Platón». En realidad, Platón pensaba que las cosas de este mundo eran sólo una proyección, apenas apariencias de una «realidad» más verdadera, subyacente y perfecta, que se resolvía con las también perfectas formas de las matemáticas. Eso era lo verdadero: no importaba tanto describir los movimientos observables, se trataba sólo de «salvar las apariencias».

El «mandato de Platón» no era una simple y amable sugerencia a tener o no en cuenta: en los 1.500 años que siguieron, nadie se atrevió a desobedecer la orden imperativa de alguien tan grande; primero Eudoxo, discípulo suyo, y luego Aristóteles imaginaron que los astros estaban fijos sobre esferas transparentes, todas ellas centradas en la Tierra (homocéntricas) con distintas inclinaciones y que, combinadas, describían el movimiento errático de los planetas, el Sol y la Luna. Todo el conjunto daba vueltas cada 24 horas en torno a la Tierra. Aristóteles acumuló hasta 55 esferas. El sistema, aunque más o menos daba cuenta de los movimientos celestes, era bastante impreciso. De paso, no explicaba el cambio de brillo de los planetas, que muy probablemente Aristóteles atribuía a fenómenos atmosféricos.

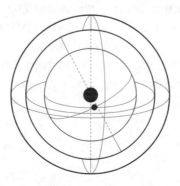

3. Tolomeo compone un cielo complicado

Claudio Tolomeo, el alejandrino, llevó esa ciencia a su más alto grado de manera que durante cuatrocientos años parecía no faltar nada que él no hubiera abordado.

NICOLÁS COPÉRNICO

Si el mecanismo propuesto por Aristóteles era impreciso, no lo era el gran sistema tolemaico, que marca la culminación de la astronomía griega. Poco se sabe de la vida de Claudio Tolomeo (*c.* 85-*c.* 165), salvo que trabajó en la famosa Biblioteca de Alejandría, donde se dedicó a estudiar geografía, matemáticas y, claro está, astronomía.

Tolomeo optó por un camino diferente al aristotélico para llegar a una descripción del mundo. Su libro de astronomía, que tituló *Sintaxis matemática*, escrito presumiblemente en Alejandría, pero que quedó inmortalizado con el nombre árabe de *Al-Majisti* («el más grande») y latinizado como *Almagesto*, resolvía los dos problemas principales de la astronomía planetaria de una manera original. En primer lugar, el del movimiento retrógrado o en zigzag: tomando un invento de Apolonio de Pérgamo, y siguiendo a Hiparco (194 a. C.- 120 a. C.) supuso que los planetas se movían alrededor de la Tierra adosados a pequeñas esferas llamadas epiciclos, que a su vez tenían su centro sobre las esferas principales (deferentes). Al moverse esas dos esferas al mismo tiempo, se explicaba por qué se observaba que el planeta retrocedía, cuando en realidad sólo estaba completando el círculo de la esfera más pequeña.

Así, la combinación de epiciclo y deferente conseguía explicar el movimiento retrógrado de los planetas en el cielo, con sus avances y retrocesos.

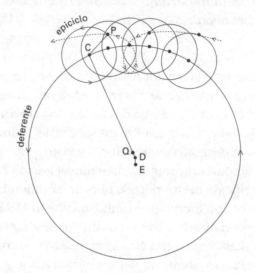

E: Tierra   D: centro geométrico   Q: ecuante   C: centro del epiciclo   P: planeta

Ajustando adecuadamente el tamaño de los epiciclos o, si hacía falta, agregando epiciclos secundarios (epiciclos que se movían sobre los epiciclos, o epicicletos), Tolomeo daba buena cuenta de las observaciones mucho mejor que en el sistema de Aristóteles.

La segunda cuestión era el cambio de brillo de los planetas (y, por lo tanto, de distancia a la Tierra) y el hecho de que se los viera moverse con velocidades diferentes, algo que no debía ocurrir si las esferas principales tenían su centro en la Tierra, como en el sistema de Aristóteles. La verdad es que la solución que encontró Tolomeo fue genial: cambió el centro de las esferas. Inventó un punto llamado «ecuante»: los planetas de su sistema no tenían como centro geométrico de sus órbitas perfectamente circulares a la Tierra, sino al ecuante, un punto fuera de la Tierra en torno al cual giraban con velocidad uniforme.

Así, el sistema tolemaico resolvía los problemas astronómicos y respetaba el mandato de Platón de usar sólo círculos y esferas, aunque a costa de hundirse en una complejidad sin fin que acumulaba más y más ruedas según fuera necesario. Alfonso X el Sabio (1221-1284), rey de Castilla y León en el siglo XIII, se lamentaba de que Dios no le hubiera consultado al crear el mundo, ya que en ese caso, «le habría sugerido una solución más fácil».

¿Creía Tolomeo que ese infernal mecanismo de las esferas se movía realmente y, sobre todo, materialmente en el cielo? Es difícil saberlo. Tal vez pensara que su sistema era una mera construcción matemática apta para predecir los movimientos celestes y probablemente no le preocupara demasiado el problema del realismo, del mismo modo que un arquitecto no confunde las rayas y cifras que aparecen en la pantalla de su ordenador con el edificio real. Pero también es posible que sí creyera firmemente en la materialidad de las esferas cristalinas. En todo caso, en la Edad Media se creía generalmente en ellas, como atestiguan los debates sobre la dificultad que pudo tener o no Cristo para atravesarlas «en cuerpo y alma» durante su ascenso al cielo.

Y así las cosas, duraron trece siglos.

4. En tiempos de Copérnico la astronomía llega a un callejón sin salida

... unos usan sólo círculos homocéntricos, otros, excéntricos y epiciclos. ... Los que confían en los homocéntricos ... no pudieron deducir de ellos nada tan seguro que respondiera sin duda a los fenómenos. Mas los que pensaron en los excéntricos admitieron muchas cosas que parecen contravenir los primeros principios sobre la regularidad del movimiento.

NICOLÁS COPÉRNICO

A finales del siglo XV y principios del XVI, la astronomía seguía enredada en los dos grandes sistemas astronómicos de Aristóteles y de Tolomeo, pero la falta de precisión ya empezaba a resultar molesta y se manifestaba, entre otras cosas, en el atraso del calendario, que desembocaría en la reforma gregoriana de 1582. Cuando, a finales del XV, los astrónomos Regiomontano y Peurbach revisaron las tablas de observaciones en vigencia, encontraron que había diferen-

cias de dos horas en los eclipses: el buen y viejo mecanismo tolemaico ya estaba funcionando con dificultades después de cumplir
aceptables servicios durante bastante más de un milenio.

Ahora bien, la complejidad no era el único problema del sistema tolemaico. Había otra cuestión: no coincidía con la física aristotélica vigente. Aristóteles había dividido el universo de manera tajante en dos regiones: una, la sublunar, que comprendía a la Tierra
y su entorno hasta la esfera que sostenía a la Luna, y en la que todo
estaba hecho de aire, tierra, agua, fuego y sus mezclas, mezcolanzas
y mezclitas; allí era posible el cambio y la mudanza, el nacimiento y
la muerte, la corrupción y el reciclaje. Por encima de la esfera de la
Luna, en cambio, se extendía la región supralunar, hecha exclusivamente de un quinto elemento, el éter, que los alquimistas llamarían
más tarde quintaesencia, donde no había cambio posible y todo tenía que moverse de manera circular, perfecta y eterna. Las dos regiones estaban hechas de materiales diferentes, regidas por leyes
diferentes, y eran ontológicamente distintas.

Más allá de la última esfera, que sostenía a las estrellas fijas, el
primum mobile o «primer motor», le imprimía a esta última su movimiento circular, que la octava transmitía a la séptima y así, de una
esfera a la otra, hasta llegar a la que sostenía a la Luna. Pero en el *Almagesto* ese mecanismo no era fácil de aplicar: los epiciclos no tienen su centro en la Tierra y, por lo tanto, no se entiende bien cómo
los mueve el «primer motor», preparado para hacer girar esferas,
pero no para sostener la marcha de ese complicado sistema de en-
granajes. Los movimientos en epiciclos no están contemplados en
la física aristotélica, en donde las trayectorias celestiales son «realmente», materialmente, circulares. Tolomeo dejó este problema
sin resolver o, tal vez, no estuviera interesado en resolverlo. Pero el
caso es que el modelo tolemaico no encajaba bien con la física de
Aristóteles.

Por no hablar de los famosos ecuantes... Se usaban para explicar el problema del cambio de brillo y las diferentes velocidades a
las que se movían los planetas durante el año, sí, pero era un absurdo filosófico y metafísico que dejaba sin explicar por qué giraban en torno a ese punto en particular. Además era por completo
incompatible con la idea aristotélica (y más tarde cristiana) de que

la Tierra ocupaba «realmente» el centro del universo y que todos los planetas mantenían siempre la misma distancia con respecto a ésta, de la misma manera que todos los caballos están a la misma distancia del eje de una calesa. Es decir, aunque el sistema tolemaico era geostático (la Tierra está inmóvil, como en el de Aristóteles), no era estrictamente geocéntrico, ya que el centro de las órbitas estaba desplazado para explicar el cambio de brillo de los planetas. Lo cierto es que el sistema tolemaico sólo podía tomarse en serio como un artificio. Matemáticamente funcionaba, pero físicamente despertaba serias dudas. Los epiciclos «salvaban las apariencias» pero no servían para comprender «lo que ocurría realmente». Cuando Copérnico estudiaba astronomía, en Cracovia, había una especie de esquizofrenia estelar: los naturalistas, más propensos a describir «la realidad» enseñaban el modelo aristotélico de esferas homocéntricas, mientras que los matemáticos enseñaban el de Tolomeo, como un método de cálculo que permitía predecir el curso de los planetas por el cielo, sin abrir juicios sobre su «realidad». Ya se sabe que a los matemáticos la realidad nunca les importó demasiado.

Epiciclos y epicicletos, ecuantes (sobre todo ecuantes) es lo que Copérnico (y muchos imbuidos del realismo humanista del Renacimiento) considerará absurdo: un sistema construido partiendo de la idea de una Tierra inmóvil en el centro del mundo, terminaba teniendo como centro otro lugar. La verdad, era una manera bastante costosa de salvar las apariencias y flotaba en el aire la necesidad de una reforma de la astronomía. Ya Nicolás de Cusa y Nicolás de Oresme habían especulado sobre el movimiento de la Tierra. Girolamo Fracastoro (1478-1553), que realizó una importante obra médica y se ocupó largamente de la sífilis, propuso un sistema de 79 esferas homocéntricas que no hicieron más que complicar las cosas, y Giovanni Battista Amici, en un librito de 1536, elaboró un engendro parecido aunque todavía más complicado. Celio Calcagnini, en 1520, sugirió que se aceptara la rotación diurna de la Tierra, ya adelantada por Nicolás de Cusa.

Sin embargo, el movimiento de la Tierra era difícil de aceptar así como así. No sólo era negado de manera cerrada por la física aristotélica, que reinaba de manera absoluta y de la cual era impensable dudar, sino que desafiaba abiertamente la más elemental intuición, la percepción más simple y cotidiana.

Pero la verdad es que la cosmología aristotélico-tolemaica, apuntalada por pivotes que empezaban a resentirse después de tanto tiempo, no daba para más. Se estaba quedando anticuada para un mundo que empezaba a verse a sí mismo como joven y pujante y no podía acompañarlo. Sin embargo, el sistema tolemaico era resistente y en cierto sentido, autoinmune, es decir, llevaba en sí mismo las herramientas para solucionar cualquier problema que apareciera: si había que hacer una corrección, se agregaba una rueda extra al insoportable engranaje y así el modelo se protegía de cualquier medición más precisa, aunque a costa de complicarlo más y más. De alguna manera, se había llegado a un callejón sin salida.

Y bueno, es aquí, justo aquí, cuando Copérnico coge al toro por los cuernos: arranca la Tierra del centro del mundo, pone allí al Sol y construye una nueva cosmología. Con ese solo gesto puso en marcha una revolución científica destinada a replantear y cambiar todo lo que se sabía y se pensaba sobre todas las cosas.

En el siglo III a. C., Arquímedes había dicho a propósito de las leyes de la palanca: «denme un punto de apoyo y moveré el mundo». Bueno, Copérnico lo hizo, movió el mundo. Y sin ningún punto de apoyo; sólo mediante su audacia y su genialidad.

5. Avatares de nuestro héroe

Había nacido en 1473 en Thorn (Prusia), hoy territorio de Polonia. Cuando contaba 10 años, murió su padre y fue adoptado por su tío, más tarde obispo de Warmie. A los 19 años marchó a la importante Universidad de Cracovia, y después viajó a Italia para estudiar derecho canónico y astronomía, hasta que en 1503 regresó a Warmie para desempeñar tareas administrativas, aunque no abandonó la observación del cielo. Al morir su tío, en 1509, inició una carrera religioso-administrativa que lo llevó a instalarse en la localidad polaca de Frauenburg, donde adquirió la hoy célebre torre desde la que hacía sus observaciones.

Copérnico fue un renacentista hecho y derecho; incursionó también en la teoría económica, enunciando lo que hoy se conoce como ley de Gresham (la mala moneda reemplaza a la buena), y como médico desempeñó su papel en la resistencia contra la Orden de los Caballeros Teutónicos. Convocado en 1514 por el papa León X para la reforma del calendario, declinó la oferta, alegando que aún no se conocían con suficiente precisión los movimientos del Sol y de la Luna.

Sabía lo que estaba diciendo, porque fue por entonces cuando esbozó su teoría, de la que redactó en 1514 una primera versión manuscrita llamada *Commentariolus*. En 1539 uno de sus discípulos, Rheticus, que había viajado desde Wittenberg especialmente atraído por su fama, escribió un resumen, la *Narratio Prima*. Pero esperó todavía cuatro años antes de entregar a la imprenta una versión completa de su obra, comparable a la de Tolomeo. Se cuenta que fue en su lecho de muerte, en 1543, cuando recibió un ejemplar del libro, aunque ya para entonces había perdido la conciencia. Sus restos fueron inhumados en la catedral de Frauenburg.

6. Copérnico mueve el mundo

El centro de la Tierra no es el centro del universo; lo es solamente de la gravedad y de la órbita de la Luna. Todos los planetas se mueven alrededor del Sol como su centro; así el Sol es el centro del universo.

NICOLÁS COPÉRNICO,
Commentariolus

Copérnico actuó en medio de una gran convulsión de las ideas: el mundo renacentista, la imprenta, la Reforma, los grandes viajes, que ponían en contacto culturas diversas y debilitaban el sometimiento a la autoridad. La concepción humanista no percibía el mundo como algo dado y cerrado, sino como una obra de arte a contemplar, o —¿por qué no?— a modificar, dando vía libre al pensamiento estético en la ciencia. Y en ningún lugar la concepción humanista era más fuerte que en Italia, donde había estudiado, donde se discutía abiertamente sobre la necesidad de reformar la astronomía.

Lo cierto es que Copérnico se convenció de que los problemas y la complejidad del sistema tolemaico no tenían otra solución que un cambio radical hacia una teoría heliocéntrica. Buscó antecedentes de un modelo similar, y encontró que Cicerón hablaba de Hicetas de Siracusa (siglo v a. C.) y su convicción de que la Tierra se movía; descubrió que los pitagóricos y Heráclides Póntico (siglo IV a. C.) también creían que la Tierra giraba. En cuanto a la teoría heliocéntrica en sí, hasta donde se sabe hoy, fue concebida por primera vez por Aristarco de Samos (320-250 a. C.), a quien curiosamente no nombra.

Finalmente, tras el *Commentariolus* y la *Narratio Prima*, después de veinte años de idas y vueltas, concluyó y dio a la imprenta su gran obra: *Sobre las revoluciones de las esferas celestes*.

7. El sistema de Copérnico resuelve algunas cuestiones muy concretas

— Para empezar, explicaba el movimiento en zigzag o retrógrado de manera natural (y digámoslo, realista) sin usar epiciclos. Puesto que la Tierra y el resto de los planetas se movían a velocidades diferentes, el movimiento retrógrado se debía al hecho de que a veces la Tierra se adelantaba y a veces se atrasaba respecto de ellos.

— Explicaba también de manera natural que Mercurio y Venus siempre se observaran en las inmediaciones del Sol. Esto, que era una anomalía en el sistema tolemaico y se justificaba de una manera totalmente ad hoc y enrevesada, en el sistema copernicano es absolutamente lógico: se observaban siempre cerca del Sol porque, efectivamente, giraban más cerca del Sol que la Tierra.

— Al contrario que en el sistema tolemaico, basado en ángulos, se podía calcular las distancias de los planetas al Sol en función de la distancia de la Tierra-Sol y Copérnico dio una tabla completa y bastante exacta.

— Se determinaba con gran exactitud el tiempo necesario para que cada planeta diera una vuelta completa.

— Se liberaba a la astronomía de los ecuantes y, por lo tanto, de muchos dolores de cabeza.

8. Pero también tenía sus grandes dificultades

No todo eran rosas y ventajas. Se podía hacer objeciones de todo tipo a la teoría de Copérnico, algunas de ellas bastante serias. Para empezar, era necesario explicar por qué funcionaba ese mecanismo de relojería ahora alrededor del Sol, cuál era el impulso que lo movía. Estaba el primer motor de Aristóteles, pero no parecía una solución del todo convincente... ¿Cómo hacía el primer motor para imprimir la rotación a la esfera de la Luna, centrada en la Tierra y que, dicho sea de paso, cruzaba la esfera terrestre? Y además, el movimiento circular y perfecto, según Aristóteles, estaba reservado exclusivamente al cielo. Asignárselo a la Tierra era cometer un pecado de leso aristotelismo, ya que el estado natural de la Tierra era el reposo.

Después, estaba el asunto de la composición de los planetas. Si la Tierra era «un planeta más», ¿Marte también estaba hecho de rocas y no de éter? ¿Y las estrellas? ¿De qué material estaban hechas las estrellas? El éter se resquebrajaba y la sagrada e intocable distinción entre espacio sublunar y supralunar estaba amenazada.

Pero había más cosas que aclarar. Por ejemplo, por qué una piedra cae hacia la Tierra que ya no es el centro del universo. Copérnico hizo algunos malabarismos: sostuvo que los cuerpos no caen hacia el centro del mundo, y para él la gravedad no era sino la «tendencia natural de las partes de un todo que han sido separadas de ese todo, a volver a él», y así los cuerpos terrestres no intentan acercarse al «centro del mundo» (el Sol) para descansar en él, sino que tienden hacia su «todo», que es la Tierra. No era lo que se dice una explicación muy convincente: ¿cómo sabía cada cuerpo cuál era su «todo»?

Y estaba la gravísima falta de observación de paralaje estelar. Cuando un objeto se observa desde dos puntos diferentes, tiene que verse ligeramente desplazado respecto del fondo por el cambio de perspectiva.

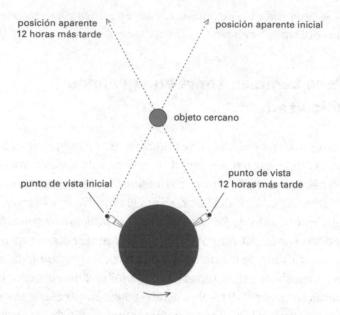

posición aparente
12 horas más tarde

posición aparente inicial

objeto cercano

punto de vista inicial

punto de vista
12 horas más tarde

Pero las estrellas, observadas desde los dos extremos de la órbita terrestre, no mostraban ningún tipo de paralaje. Copérnico arguyó que estaban demasiado lejos como para que el fenómeno fuera apreciable. Agrandó el radio del universo a unos dos mil radios terrestres, que son unos 12.400 millones de km. En realidad se quedó bastante corto, muy corto, pues esa distancia es apenas un cuarto de la distancia entre el Sol y Mercurio, su planeta más cercano. Pero Copérnico no podía tener la más remota idea del tamaño del universo, aunque escribió que «comparada con la distancia a las estrellas, la Tierra es como un punto».

En realidad, hay paralaje, pero ninguna posibilidad de registrarla; las estrellas están tan lejos que ese ángulo es prácticamente imperceptible, tan pequeño que no se puedo medir hasta 1838. Copérnico tenía razón, pero su respuesta era puramente especulativa. El hecho concreto es que la paralaje no se observaba.

Y otra más. Al darse cuenta de que los movimientos planetarios no coincidían con las observaciones echó mano de las herramientas tradicionales: los epiciclos de los que justamente quería librarse. Al final se encontró con que necesitaba al menos 36 círculos para «salvar las apariencias»; no era una gran mejora respecto de las 40 promedio que se utilizaban en los sistemas que provenían de Tolomeo. Y para colmo, los planetas de Copérnico no se movían exactamente alrededor del Sol, sino de un punto desplazado del Sol, una especie de «sol medio» que se parecía demasiado a los aborrecidos ecuantes. Para ganar cuatro esferas, habrán pensado muchos, y para toparnos con ecuantes disfrazados, no hacía falta reformar todo y armar tanto lío.

Y el asunto de la Luna: ¿por qué razón entre todos los astros que giraban alrededor del Sol, sólo uno tenía la notable ocurrencia de hacerlo alrededor de la Tierra? ¿Y por qué la Tierra no la dejaba atrás en su raudo volar por el espacio?

Copérnico dejaba una multitud de problemas sin resolver. Porque los científicos son así: ensayan respuestas con los recursos que tienen a mano; no saben (o quizás sí) que más adelante, en el territorio que se atrevieron a explorar, con mejor o peor fortuna, están las herramientas que permitirán prender el fuego mediante el golpe inteligente de dos piedras de sílex.

9. El prólogo fraguado

La nueva teoría era suficientemente audaz como para temer las iras religiosas. Sin embargo, la reacción eclesiástica fue mínima y aún menor entre los católicos que entre los protestantes. Lutero sí se horrorizó: «La gente ha prestado oídos a un astrólogo de morondanga que ha tratado de demostrar que es la Tierra la que gira y no los cielos».

Por el lado de Roma no hubo problemas: al poder eclesiástico el libro no le pareció grave; estaba dedicado al propio papa Pablo III; Copérnico era canónigo y, por lo tanto, hombre de la Iglesia, que no condenará su teoría hasta 1616.

Pero había un pequeño detalle: en la edición de *De Revolutionibus*, y sin que Copérnico lo supiera, «se deslizó» un prólogo que presentaba al sistema como absolutamente especulativo y sin pretensiones de describir la realidad. El autor del fraude, Andreas Osiander (1498-1552), un teólogo protestante de Wittenberg, escribió: «No es necesario que estas hipótesis sean verdaderas, ni siquiera verosímiles. Basta con que provean un cálculo conforme a las observaciones. ... No son por fuerza verdaderas y ni siquiera probables. ... No se las expone para convencer a nadie de que sean verdaderas, sino tan sólo para facilitar el cálculo».

O sea, «el sistema es simplemente ficcional, sólo un método de cálculo». Era el viejo truco de «salvar las apariencias»: mientras no se creyera que la teoría heliocéntrica era «real», no habría problemas. La verdad es que no hay por qué condenar de buenas a primeras a Osiander, que probablemente obró de buena fe, tratando de proteger a Copérnico de los disgustos y problemas de enfrentar a la Iglesia, como más tarde comprobaría Galileo.

Pero basta con leer los primeros capítulos para comprender que Copérnico en ningún momento duda de la «realidad» de su propuesta, aun sabiendo que era por completo antiintuitiva. Establece una cosmología radicalmente distanciada del sentido común: todo aquello que vemos con claridad es aparente y es sólo reflejo de otras cosas que sí son verdaderas. Lo verdadero es algo más profundo, que es tan real como las piedras. Es un realismo platónico. El movimiento del Sol y de los cielos es aparente, solamente una ilusión, como el hecho de que la Tierra y el cielo se junten en el horizonte. ¡La Tierra se mueve contra todo lo que indican nuestros sentidos! Aquí marca una de las características que tendrá la ciencia que surja de la revolución científica: una construcción contra el sentido común y la experiencia sensible, por lo menos la inmediata. La vieja idea de que los sentidos engañan será más fuerte que nunca y el divorcio entre «lo que es» y «lo que se ve» alejará a la ciencia del público, fenómeno que se constata todavía, cinco siglos después.

10. El libro no fue un best seller

Las revoluciones era un libro difícil. Tuvo una sola reedición y si bien no se lo leía mucho, tal vez por su complejidad, se sabía de su existencia y su influencia era grande. En 1551 Erasmus Reinhold (1511-1553) recalculó las tablas astronómicas sobre la base de la teoría heliocéntrica, y publicó las *Tablas Prusianas,* que aunque tampoco eran demasiado precisas, se usaron para reformar el calendario en 1582 y que siguieron ampliando la brecha por la que luego pasaría la revolución científica. Algunos tomaron la teoría como un modelo matemático sin asidero físico (era el camino propuesto por Osiander); otros, en cambio, consideraban que Copérnico era «el nuevo Tolomeo», como el inglés Thomas Digges (1546-1596), que explicaba por qué a muchos les costaba aceptarlo: «...puesto que el mundo ha arrastrado durante tanto tiempo la opinión de la estabilidad de la Tierra, la contraria tiene que resultar ahora muy inaccesible]». William Gilbert, iniciador del estudio del magnetismo, se adhirió con fervor. Y Giordano Bruno, que rompió con las esferas y proclamó un mundo infinito, donde las estrellas no eran sino soles lejanos y casi sin vestigios de metafísica y que fue condenado a la hoguera y asesinado por la Inquisición en el año 1600.

Y aunque en todo el siglo XV prácticamente no se publicó ninguna obra en defensa del copernicanismo, curiosamente parece que fue tema de conversación en las calles de Florencia, según testimonios de la época. Y también se difundía lentamente entre nuevas generaciones de astrónomos como Kepler o Galileo. En el proceso, el sistema se fue enriqueciendo, transformando y transformándose, mientras se ajustaba para encontrar las respuestas pendientes.

11. Elogio de Copérnico y despedida (provisional)

El sistema que surgía de *Las revoluciones* no se había liberado del todo de los lastres de la astronomía tradicional. Copérnico conservó las esferas de cristal, y fue Tycho Brahe quien rompió con esa limitación. Conservó el movimiento estrictamente circular que exigía Platón, y fue tarea de Kepler introducir las órbitas elípticas. No pudo dar una explicación adecuada de por qué las cosas no salían volando por el aire al moverse la Tierra, y Galileo tuvo que tomarse el trabajo de encontrar una respuesta. En cierta forma, su obra fue un *constructo*, a veces algo forzado, y tuvo que transcurrir un siglo y medio para resolver las dificultades que planteaba.

Tampoco fue el primero en atribuir movimientos a la Tierra: ya lo habían hecho en la Antigüedad Aristarco de Samos o los pitagóricos Filolao y Heráclides Póntico. Por su parte, la rotación terrestre ya había sido propuesta, entre otros, por Nicolás de Cusa.

Y sin embargo, fue él quien lo hizo.

Él solo quien movió el mundo de su lugar fosilizado en el centro del sistema, lo lanzó a través del espacio y construyó, con todos sus errores y dificultades, una estructura coherente y tenaz, capaz de competir con Tolomeo. Fue él quien realizó un esfuerzo intelectual tan enorme, que se acuñó la expresión «revolución copernicana» para describir cualquier cambio de fondo en las concepciones del mundo.

No es posible pensar que Copérnico no comprendiera las consecuencias de la reforma que había emprendido, la cantidad de cosas establecidas con las que rompía, la manera en que alteraba la cosmovisión del mundo y, sobre todo, que una vez fuera aceptada su teoría no habría vuelta atrás. Tenía que sospechar que estaba sacando el ladrillo de abajo de la enorme construcción aristotélico-tolemaica. Y una vez hecho, era sólo cuestión de tiempo que el edificio entero se derrumbara.

La hazaña de Copérnico no fue solamente una revolución de carácter astronómico, sino también filosófico y cultural. Mover la Tierra no sólo es cuestión de astronomía. Si la Tierra no está en el centro del mundo, tampoco se entiende por qué tiene que estar en el centro de la creación. Es interesante que en medio del humanismo, que trasladaba la atención del cielo a la Tierra, Copérnico produjera un desplazamiento tan brutal de los intereses humanos en la lista de prioridades del universo.

Copérnico descentra al hombre, le da una primera pauta de su poca importancia: una Tierra equivalente al resto de los planetas es una Tierra mucho más laica. Copérnico nos hace ser lo que somos, seres perdidos en un universo tan vasto que no podemos siquiera imaginar, pero —y eso es lo maravilloso— sí comprender. Copérnico nos enseñó que una revolución completa es posible, nos mostró el poder de la mente humana, capaz de dar vuelta de golpe a 2.000 años de tradición y ver más allá de lo que ven nuestros ojos. Copérnico está en la base misma de todas nuestras ideas sobre el mundo, es el pilar sobre el que se apoya la modernidad.

Su intento fue desmesurado, una utopía astronómica superior a sus fuerzas (y a las de la época), que necesitó 150 años para concretarse. Dediquemos un admirado y cariñoso recuerdo a uno de los pensadores y científicos más audaces y grandes de la historia.

Capítulo 2
LA TEORÍA DE LA GRAVITACIÓN UNIVERSAL

Isaac Newton

1. Las excusas de Copérnico

...que estas cosas son como lo que dijera el Eneas de Virgilio, cuando afirma: «Salimos del puerto y las tierras y las ciudades retroceden y al flotar una nave sobre la tranquilidad de las aguas, todo lo que está fuera de ellos es considerado por los navegantes moviéndose, de acuerdo con la imagen de su movimiento y al mismo tiempo juzgan que están quietos, con todo lo que está con ellos». Así, en lo concerniente al movimiento de la Tierra, puede estimarse que todo el mundo da vueltas.

NICOLÁS COPÉRNICO

El libro glorioso de Copérnico iniciaba un mundo nuevo y, como en toda revolución que empieza, quedaban muchas cosas sin explicar y enigmas sin resolver, más allá del hecho de que había terminado por ser un sistema tan engorroso como el de Tolomeo.

Pero había al menos tres problemas irresolubles que amenazaban seriamente la viabilidad de la teoría. El primero era el asunto del movimiento en el cielo, esto es, la razón por la que se movían las esferas. El segundo era todavía más grave, y tenía que ver con el movimiento en la propia Tierra, empezando por la cuestión de la caída de los cuerpos: si la Tierra ya no ocupaba el centro del mundo, ¿por qué la piedra seguía cayendo hacia la Tierra y no salía disparada hacia el Sol?

El tercer problema era igualmente serio. ¿Por qué, si la Tierra giraba a toda velocidad, los pájaros, las nubes y el aire mismo no se quedaban atrás? ¿Cómo puede ser que alguien parado sobre el ecuador gire junto con la Tierra a más de 1.000 km/h y ni siquiera lo note?

Con estas dificultades a cuestas (unidas al cuestionamiento de la división del mundo en espacio sublunar y supralunar establecida por Aristóteles, y que era insostenible si la Tierra volaba por el espacio, por no hablar de la Biblia...), se entiende que el sistema de Copérnico avanzara lentamente y que fuera mostrado como un modelo matemático, un sistema de cálculo, sin asidero ni realidad físicas.

El sistema tolemaico y el copernicano lucharon y se enfrentaron a lo largo de más de un siglo, y se enseñaron como sistemas alternativos. Copérnico había movido el mundo, pero con moverlo, por lo visto, no bastaba: quedaban demasiados problemas pendientes. Había dado explicaciones pero, la verdad, esas explicaciones se parecían demasiado a excusas.

Resolver estos problemas, uno a uno, sería la tarea del segundo equipo de la revolución.

2. Tycho Brahe destruye las esferas cristalinas

Ya no apruebo la realidad de aquellas esferas cuya existencia había admitido antes apoyado en la autoridad de los antiguos. Actualmente estoy seguro de que no hay esferas sólidas en el cielo, independientemente de que se crea que hacen girar a las estrellas o son arrastradas por ellas.

TYCHO BRAHE

El 11 de noviembre de 1572, el joven Tycho Brahe (1546-1601), de 26 años, originario de Dinamarca y que, con el correr del tiempo, llegaría a ser uno de los astrónomos más famosos de su época, volvía a su casa después de una noche de trabajo en el laboratorio de alquimia de su tío Sten Bille, donde había estrujado la materia para arrancarle los átomos de fuego y producir oro. Al echar una mirada al cielo descubrió que algo raro estaba pasando allí arriba: cerca de la constelación de Casiopea había una estrella brillante, más brillante que el planeta Venus, donde antes no había nada. Pero eso no fue todo: en los días que siguieron, la estrella aumentó su brillo cada vez más hasta hacerse observable incluso de día, para luego empezar a desvanecerse y desaparecer a mediados de 1574. Una serie de mediciones muy simples pusieron en evidencia que no era un cometa y que se trataba de un fenómeno que estaba ocurriendo más allá de la Luna.

¡Una estrella nueva que aparecía y desaparecía! ¿Cómo podía ser posible? Según el dogma de Aristóteles había una división tajante del mundo en dos regiones ontológica y materialmente distintas y gobernadas por leyes diferentes: una sublunar, sujeta al cambio y la corrupción, y otra supralunar, que era inmutable y eterna y donde nunca nada podía cambiar. Pero allí estaba la nueva estrella de Tycho (en realidad, no era exactamente una estrella, sino la explosión de una estrella que muere, cosa que Tycho no podía ni remotamente sospechar). Claramente, algo andaba mal en ese asunto de las dos regiones de Aristóteles.

Lo cierto es que, a raíz de esta historia, Tycho tomó la decisión de estudiar el cielo y llegó a convertirse en el más grande de los astrónomos observacionales antes de la llegada del telescopio. El trabajo de toda su vida consistió en la fabricación de instrumentos muy precisos y el acopio de una cantidad increíble de observaciones con una exactitud desconocida hasta entonces.

Pero hubo más: tres años después de haber visto la «nueva estrella», Tycho observó un cometa. Aristóteles había estudiado los cometas y los había considerado fenómenos atmosféricos. Obviamente, ya que los cometas aparecen, desaparecen y se mueven en trayectorias irregulares y cambiantes y, por lo tanto, tenían que estar en el espacio sublunar. Pero Tycho, con su «astronomía de precisión», pudo demostrar que el cometa se movía alrededor del Sol, y que además lo hacía entre Marte y Venus, o sea, que cruzaba las esferas que sostenían las órbitas de ambos planetas. ¿Cómo podía un astro atravesar esferas materiales y cristalinas sin que se hicieran trizas?

Y ante la evidencia, Tycho optó por una idea audaz: decidió que las esferas no existían.

El golpe estaba bien colocado y el cristal se partió en mil pedazos. La demolición de las dichosas esferas cristalinas, de casi dos mil años de antigüedad y que el propio Copérnico no había cuestionado, agregaba una pieza más a la paciente construcción que llevaría a la teoría de la gravitación universal. Porque, sin esferas, ya no podía existir el sistema de correa transmisora del *primum mobile* aristotélico. Las fuerzas motrices del sistema, fueran lo que fueran y vinieran de donde vinieran, tenían que actuar directamente sobre los planetas, que sí tienen entidad material. Aquí, el buen Tycho puso un palo más en las ruedas del sistema tolemaico.

Sin embargo, no aceptó el sistema copernicano y propuso una solución intermedia, un esquema en el que el Sol y la Luna giraban alrededor de la Tierra, pero el resto de los planetas lo hacía alrededor del Sol, con las órbitas de los planetas cruzándose y atravesándose todo el tiempo.

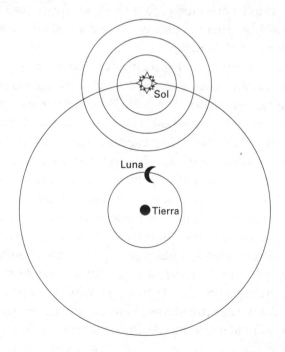

Puede ser que Tycho tuviera ganas de tener su propio sistema personal del mundo, pero la principal razón por la cual no se adhirió a la teoría heliocéntrica fue porque le resultaba imposible aceptar que la Tierra se moviera. Meticuloso como era, no sostuvo la inmovilidad de la Tierra como un dogma, sino que, para demostrarla, ideó un experimento genial: disparó con un cañón hacia el este y el oeste. ¿No era obvio que si la Tierra se movía la bala que iba en el sentido del movimiento de la Tierra y la que iba en contra debían alcanzar distancias diferentes? Pero las dos balas llegaron a la misma distancia. Y además, estaba la falta de paralaje, que no logró detectar. Por lo tanto, sostuvo Tycho, la Tierra está inmóvil.

Tycho se equivocaba, pero no actuaba de manera irracional ni sujeto a dogmas. Y es que hasta que alguien resolviera el problema y explicara cómo podía ser que la Tierra se moviera y todos, Tycho incluido, no saliéramos disparados por el aire, el sistema copernicano no podría avanzar de manera decisiva hacia la teoría de la gravitación universal.

Fue ésa, exactamente ésa, la tarea de Galileo.

3. Galileo mira por el telescopio y ve cosas increíbles

Yo, arrodillado, juro que creo, y abjuro y aborrezco mis errores y me someto al castigo.

GALILEO GALILEI

Galileo no sólo fue grande, sino también complejo. Hizo de todo: su mirada aclaró las cosas del cielo y de la Tierra, y uno se lo encuentra en cada recodo de la historia de la ciencia, en cada pensamiento inteligente. La leyenda de la torre de Pisa (aunque probablemente falsa) atestigua la voluntad de transformarlo en un campeón del nuevo método experimental. Su insistencia en el matematismo del mundo lo muestra como un avanzado de las ideas teóricas que sólo se consumarán medio siglo después. Resolvió el problema del movimiento y despejó el segundo gran obstáculo que trababa el ascenso del sistema copernicano.

Pero, además, es el símbolo de la lucha entre la verdad y el poder: no debe extrañar que haya inspirado a escritores, poetas y generaciones de científicos. Sin embargo, más que el personaje que nos muestra Brecht, Galileo parece una creación de Milan Kundera. Su retractación no fue un acto de cobardía, sino de lucidez: lo hace sabiendo que nada cambiará porque alguien firme o confiese tal o cual cosa; en suma, que la estupidez no puede triunfar sino momentáneamente. La tal vez falsa anécdota del susurro por lo bajo («igual se mueve»), que *se non é vera é ben trovata*, resulta completamente redundante. De todas maneras, fue condenado de por vida a prisión domiciliaria, que cumplió en su villa de Arcetri, hasta su muerte en 1642.

Había nacido en Pisa en 1564 y era bastante joven cuando en 1583 descubrió las leyes del péndulo (que todas las oscilaciones duran lo mismo). En 1592 fue nombrado profesor de matemáticas en Padua y en 1597 escribió una carta a Kepler (con quien intercambiaría mucha correspondencia) en la que le aseguraba que llevaba años convencido de la corrección del modelo copernicano y que había desarrollado algunos argumentos en su favor, pero que no se animaba a publicarlos. Su preocupación era sensata: aunque a Copérnico, en verdad, nunca lo molestaron, tres años más tarde quemarían vivo a Giordano Bruno, entre otras cosas por defender la teoría copernicana y el propio Galileo sufriría más tarde la persecución en carne propia. Pero el momento decisivo de su vida llegó en 1609 cuando oyó hablar de unos anteojos flamencos que permitían aumentar el tamaño de las imágenes. Con una descripción algo rudimentaria y mucha prueba y error, pudo construir un telescopio (puesto que de eso se trataba) que le permitía aumentar el tamaño de los objetos hasta unas sesenta veces, según él mismo cuenta.

Y así fueron las cosas. La noche del 7 de enero de 1610 lo dirigió al cielo y allí vio lo que nadie había visto hasta entonces (salvo su contemporáneo Harriot en Inglaterra): que la Luna tenía montañas y valles y que su constitución era similar a la de la Tierra, que la Vía Láctea en realidad era un mar de estrellas; vio algo que no pudo dilucidar en Saturno (eran los anillos), vio las fases de Venus predichas por Copérnico y, sobre todo, en enero de 1610, vio cuatro puntos luminosos que daban vueltas alrededor de Júpiter.

Las consecuencias de tales observaciones no eran pocas. Que la Luna fuera parecida a la Tierra destruía la idea de que los astros estaban compuestos del perfecto éter: el mundo lunar y sublunar empezaban a mezclarse. Pero los cuatro satélites de Júpiter asestaban un golpe mortal a los opositores del sistema copernicano.

Al fin y al cabo, una de las objeciones a Copérnico era que no se comprendía por qué la Luna constituía una solitaria excepción girando alrededor de la Tierra. Y bueno, allí estaba la respuesta: la existencia de los satélites de Júpiter mostraba que el «girar alrededor de otro astro» era un fenómeno general. Galileo lo entendió perfectamente: «...ahora no se trata de un solo y único planeta que gire en torno de otro, sino que nuestros sentidos nos muestran cuatro alrededor de Júpiter, así como la Luna alrededor de la Tierra».

Con la evidencia que le mostraba el telescopio, Galileo se volvió menos cauto de lo que anunciaba en su carta a Kepler, y en 1616 la Inquisición declaró impía la opinión que colocaba al Sol en el centro del mundo y a Galileo se le prohibió enseñar o defender las teorías «heréticas». Todo redundaría, finalmente, en un vergonzoso juicio en el que se le obligó a retractarse y se le condenó a prisión domiciliaria de por vida.

4. Galileo explica por qué no salimos volando por los aires

Además de abrir nuevos horizontes en el cielo, Galileo dirigió su atención al estudio del movimiento en la Tierra, que es un asunto bastante más difícil de lo que parece. La física tradicional (de Aristóteles) establecía una distinción decisiva entre el movimiento y el reposo: lo que se movía, se movía, y lo que estaba quieto, estaba quieto. El movimiento era algo absoluto.

Galileo rechaza esa afirmación. Para él, el movimiento no es algo absoluto que hacen los móviles, sino que es simplemente una relación entre ellos: lo que está en reposo para alguien, se está moviendo para otro observador. Y por lo tanto, es indistinguible del reposo: si viajamos en un barco, los objetos del barco nos parecerán en reposo, en tanto su distancia a nosotros no varía.

«Encerraos con un amigo en la mayor estancia que haya bajo cubierta (de una nave) ... si la nave está quieta, observad con diligencia ... haced que la nave se mueva con la velocidad que se quiera; siempre que el movimiento sea uniforme ... no reconoceréis ni la más mínima mutación en todos los efectos nombrados, ni ninguno de éstos os hará saber si la nave se mueve y está quieta; si saltáis, tampoco el suelo se desplazará mientras estéis en el aire.»

Aristóteles sostenía que el movimiento es un proceso transitorio: la piedra cae buscando su lugar natural en la Tierra y allí se detiene; un proyectil (que sólo puede ser movido por un motor) termina cuando cesa la acción del motor. Galileo rechaza esa afirmación: el movimiento uniforme (en línea recta y velocidad constante) no necesita ningún motor, y un objeto que se está moviendo con movimiento rectilíneo y uniforme continúa indefinidamente en ese estado, sin ninguna modificación. Es decir, no se detiene por sí mismo. ¿Por qué habría de hacerlo? Si se detuviera respecto de un punto de referencia, seguiría moviéndose respecto de otros (la pelota que se detiene en el camarote del barco se sigue moviendo respecto de la costa). Detenerse significa pasar del movimiento al reposo, pero el reposo no es más que una ilusión.

Y además, no hay manera de distinguir entre el movimiento y el reposo: la piedra que se deja caer desde el mástil de un barco en movimiento cae al pie del mástil y no, como sostenían los aristotélicos, en la popa, porque el barco la dejaba atrás mientras caía. Éste es un hecho susceptible de ser sometido a prueba (todos nosotros lo experimentamos cuando viajamos en un coche, un tren, un avión: si arrojamos una moneda al aire, vuelve a caer en nuestras manos y no unos metros atrás). Los cañones de Tycho, disparando hacia el este y el oeste, no podían evidenciar ninguna diferencia: las balas se movían *ab initio* con el movimiento rectilíneo uniforme de la Tierra y los fenómenos que les ocurrieran después eran independientes de este movimiento, de la misma manera que los pájaros tienen la misma facilidad para volar hacia el este, el oeste o donde sea.

Y lo mismo que vale para el barco, vale para la Tierra en movimiento.

Otro obstáculo del sistema copernicano quedaba despejado. Sin embargo, Galileo no llegó a la formulación del concepto moderno del principio de inercia exactamente como lo conocemos en la actualidad: para eso, habría que esperar a Newton.

También se ocupó de la «caída de los graves» y la resolvió. Aristóteles sostenía que la caída de los cuerpos (que él definía como movimiento natural) se debía a que buscaban su lugar preestablecido: la piedra que cae «intenta» volver a reunirse con la Tierra de donde fue apartada y la velocidad de la caída es proporcional al peso. Galileo demuestra que, en ausencia de rozamiento con el aire (y aquí viene la famosa historia de la torre de Pisa, probablemente falsa), todos los cuerpos caen de la misma manera y con idéntica aceleración, independientemente de su peso, y enuncia la ley general de la caída: el camino recorrido es proporcional al cuadrado del tiempo transcurrido.

De todos modos, no se pronunció sobre las causas de la caída. No abandonó del todo la idea de los lugares naturales, aunque llegó a pensar en una fuerza que tiraba desde la Tierra hacia ellos y los aceleraba. «Nadie ignora que esa causa (de la caída) recibe el nombre de gravedad. Pero excepto el nombre ... no comprendemos nada de esa cosa. ...» Y una intuición portentosa, que debería esperar todavía medio siglo: «...ni de la virtud que hace bajar una piedra, ni de la que empuja una piedra proyectada hacia arriba, ni de la que mueve la Luna en su órbita]».

Los problemas del movimiento sobre la Tierra estaban resueltos y otro de los obstáculos al movimiento de la Tierra quedaba despejado. Faltaba averiguar qué era lo que hacía mover a la Luna alrededor de la Tierra y a los planetas, Tierra incluida, alrededor del Sol.

5. Kepler se enfrenta al círculo

El sistema de Copérnico es un tesoro inagotable de comprensión, verdaderamente divina, del maravilloso orden del mundo y de todos los cuerpos en él contenidos.

JOHANNES KEPLER

Tycho Brahe había acumulado un enorme caudal de preciosas y precisas observaciones, como no se habían visto hasta entonces. Pero además, tuvo el mérito inmenso de haberlas puesto en manos de su discípulo, el gran Johannes Kepler (1571-1630), que habría de poner orden y armonía en el sistema solar, limpiar los escombros y abrir el camino hacia la ley de gravitación.

Kepler había nacido en la localidad alemana de Württemburg. Estudió teología, filosofía, matemática y astronomía en Tubinga (Austria). Su tarea incluía la confección de horóscopos, superstición muy común en esa época (como en otras).

Kepler leyó el libro de Copérnico, quedó deslumbrado, y decidió poner en evidencia la coherencia interna de un sistema planetario heliocéntrico en términos que satisficieran su declarado platonismo. Algunos años más tarde, tras ser nombrado profesor de matemática en el colegio de enseñanza secundaria de Graz, abandonó la teología para dedicarse por entero a la astronomía y la astrología. Y tuvo una poderosa intuición: del mismo modo que sólo existen cinco poliedros regulares, sólo existen seis planetas y eso no podía ser obra del azar, sino la huella de un dios geómetra. Era falso (aunque no lo sabía): los planetas ni siquiera son seis, y la construcción que publicó en su *Mysterium Cosmographicum* (1597), intercalando los poliedros entre los planetas, suena hoy a un disparate. Porque los científicos son así: muchos de ellos se mueven a puro golpe de intuición, que a veces no hace sino dejarlos en la oscuridad y hacerles perder tiempo.

Pero el *Mysterium Cosmographicum* llamó la atención de Tycho Brahe, que lo convocó y lo convirtió en su ayudante. Tras la muerte de Tycho en 1601, heredó el enorme corpus de sus observaciones y se dedicó a afinarlas. Una de las órbitas más problemáticas era la del planeta Marte; Kepler encaró la tarea de determinarla de manera exacta, pero cuando tras interminables cálculos llegó a una conclusión, encontró un par de observaciones que no encajaban con las esferas de Copérnico. La diferencia era poca (ocho minutos de arco), pero Kepler no estaba dispuesto a ignorarlos: «Esta diferencia es menor que la incertidumbre de las observaciones de Tolomeo, la cual era por lo menos de diez minutos, según las declaraciones de dicho astrónomo. Pero la bondad divina nos presentó en Tycho Brahe a un observador muy exacto; ... estos ocho minutos que ya no se pueden despreciar me han puesto en el camino para reformar toda la astronomía».

¿Y entonces? Y entonces tomó una decisión trascendental. Dio el gran, el inmenso paso: pensó que las órbitas tal vez no fueran circulares. Era de una audacia increíble y probablemente inédita: el círculo era la forma perfecta, el símbolo de la divinidad, el centro de la cosmogonía, era la figura ideal para mantener en marcha los cielos. Enfrentar al círculo era como enfrentarse a un dios.

Pero es así. Los científicos muchas veces actúan a tientas y se manejan sin miedo con arranques de intuición que los llevan a internarse en un terreno peligroso y desconocido.

Y si no era un círculo, ¿que podía ser? Kepler tanteó: probó con un círculo estirado (un óvalo) y cotejó dificultosamente las observaciones. Nada. No encajaban. En 1603, escribió que «si la forma de la órbita fuera una elipse perfecta, podrían encontrarse todas las respuestas en Arquímedes y Apolonio».

Un año y medio más tarde suponía que la verdadera forma estaba entre la oval y la circular, algo intermedio, «exactamente como si la órbita de Marte fuera una elipse perfecta».

Finalmente tras estrellarse una y otra vez contra el óvalo, lo abandonó. Después, encontró una fórmula que determinaba la distancia. Y entonces vio que la fórmula correspondía a una elipse.

«Oh, qué estúpido he sido», escribió. Cuando reemplazó los óvalos por elipses, todos los datos encajaron.

En 1609 publicó su obra maestra: *Astronomía nueva*, donde se enuncia su primera ley, que reemplaza las órbitas circulares, de una vez para siempre, por órbitas elípticas, con el Sol en uno de los focos. «Los planetas se mueven en torno al Sol siguiendo elipses y el Sol ocupa uno de los focos.»

Era el fin del mandato de Platón: la circunferencia (o la esfera) era una cerradura demasiado estrecha, un instrumento muy grueso como para mirar la realidad. Kepler forzó de una vez por todas esa cerradura y destruyó el mandato que habían respetado Copérnico, ¡y el propio Galileo!

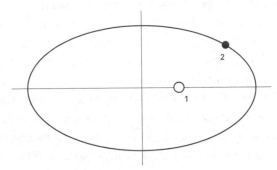

1. Sol en uno de los focos del elipse
2. Marte

Kepler y sus elipses no tienen precursores. Nadie antes había sospechado siquiera nada así (aunque Tycho, parece, dejó entrever que la órbita del cometa de 1575 podía ser ovalada). La primera ley de Kepler, junto a la segunda, que establece que los radios vectores de los planetas barren áreas iguales en tiempos iguales, y la tercera (que enunció en 1619), según la cual los cuadrados de los períodos de los planetas son proporcionales a los cubos de los ejes mayores de las respectivas órbitas, relacionando las distancias con los tiempos de revolución, completan el sistema de Copérnico enunciado cincuenta años antes y lo dotan de elegancia y simplicidad. Ya no hace falta recurrir a epiciclos y otras antiguallas, ni al engorroso «sol medio» para hacer encajar a la fuerza en círculos órbitas que en realidad eran elípticas.

Y, bueno, ya estaba en orden el sistema solar. Faltaba averiguar qué lo mantenía en orden y movimiento. Y ahora no cabía darle más vueltas: no podía haber *primum mobile*, puesto que de las esferas no quedaba nada; ya eran planetas sueltos en el espacio que se movían alrededor del Sol y, encima, satélites. Si había algún motor allí, ese motor tenía que aplicarse sobre los propios planetas.

En Francia, Descartes inventaría una teoría según la cual todo el movimiento del mundo estaba sostenido por torbellinos de materia sutil, que, entre otras cosas, movían los planetas, una base sobre la cual construyó una especie de física cualitativa, incapaz de predecir nada, dicho sea de paso, pero que tendría éxito en Francia debido al enorme prestigio de su autor. Kepler, por su parte, había meditado sobre el asunto, y en 1628 publicó un libro de astronomía copernicana donde reflotaba una idea que aparecía ya en su *Mysterium Cosmographicum*: hay una fuerza motriz, un *anima motrix*, que emana del Sol y actúa sobre los planetas, una fuerza de tipo magnético que «barre» a los planetas, una fuerza lateral que los empuja hacia el costado. La describe como unos nervios o tientos que salen del Sol y actúan solamente en el plano de la eclíptica (donde se ubican las órbitas planetarias), y disminuye proporcionalmente con la distancia. Era, si se quiere, una fuerza ad hoc, muy diferente a todo. Pero a Kepler no se le ocurrió otra cosa.

Perseguido por el fanatismo protestante y católico, ejerció la profesión bastante remunerativa de astrólogo hasta su muerte en 1630.

6. Newton emprende el camino

Es muy difícil aproximarse con ecuanimidad a Newton, hacedor de universos, y considerado por muchos como el científico más grande que jamás haya existido. Inclinado al esoterismo, tuvo una personalidad extraña y enfermiza, paranoica hasta el exceso, al borde mismo de la locura, que alguna vez estuvo a punto de acabar con él; vengativo, perseguía hasta el cansancio a sus enemigos científicos (como le ocurrió al pobre Robert Hooke). Tenaz en sus odios, mantuvo una absurda polémica con Leibniz, por la prioridad en la creación del cálculo infinitesimal, que envenenó las relaciones entre la ciencia inglesa y continental y retrasó en Inglaterra el desarrollo de las matemáticas.

Había nacido en 1642. Tras la muerte de su padre, su madre quiso que se encargara de la administración de las propiedades familiares, algo para lo que Newton demostró ser tan incapaz que finalmente ingresó de nuevo en el colegio. En junio de 1661 se incorporó al Trinity College de Cambridge, bastión de un aristotelismo cada vez más pasado de moda, donde comenzó a estudiar la filosofía de Descartes, Gassendi, Hobbes y Boyle y la geometría de Euclides. Al parecer, la astronomía copernicana, la mecánica de Galileo y la obra de Kepler causaron un profundo efecto en él hasta inducirlo a cambiar el foco de sus estudios. «Platón es mi amigo, Aristóteles es mi amigo, pero mi mejor amigo es la verdad.»

En 1665 consiguió, sin pena ni gloria, su primer grado académico. Al poco tiempo la plaga que asoló la ciudad le llevó de vuelta al hogar materno.

Retirado en su pueblo natal, probablemente sin demasiadas cosas interesantes que hacer, se concentró en investigar, y entre 1665 y 1667 (¡a los 23 años!) elaboró el núcleo principal de todos sus más importantes descubrimientos matemáticos y físicos. Fue en este lugar donde, según la leyenda, cayó la famosa manzana para disparar en su mente la idea de la gravitación universal.

7. Una manzana que da la pista fundamental

La historia de la manzana fue contada por Voltaire, a quien se la contó, a su vez, la sobrina de Newton, pero la versión que se ha popularizado (la de que al ver caer la manzana comprendió que la Tierra la atraía) alteró por completo el verdadero significado de ese momento clave, si es que alguna vez ocurrió.

Imaginemos la escena: Newton, forzado a la ociosidad por la epidemia que azota Cambridge, se ha sentado bajo el manzano a reflexionar sobre los mecanismos del mundo.

Ya se sabe —lo explicó Copérnico— que el Sol ocupa el centro del sistema.

Ya se sabe —lo explicó Galileo— por qué no salimos disparados de la Tierra al moverse ésta —es la ley de inercia—, y también cuál es la ley que rige la caída vertical, por la fuerza que ejerce la Tierra y que ya se denomina gravedad. Los mecanismos del mundo sublunar, los que ocurrían en la Tierra, estaban explicados.

Ya se sabe —lo explicó Tycho— que las esferas de cristal son quimeras.

Ya se sabe —lo explicó Kepler— que los planetas rodean al Sol describiendo elipses, y para explicar por qué ocurría eso, imaginó una fuerza de tipo magnético, tientos o nervios, que salían del Sol y los empujaban hacia el costado.

Es un día cualquiera, en el que a la Luna le toca ser vista de día muy por encima del manzano de una de cuyas ramas se desprende una manzana fragante que cae a los pies del joven Newton.

¿Por qué ha caído la manzana? Porque la gravedad de la Tierra tiró de ella hasta el suelo, según la ley de Galileo.

¿Pero qué habría ocurrido si la manzana hubiera estado unos metros más arriba? No cabe duda de que la gravedad la alcanzaría igualmente y la haría caer.

¿Y si hubiera estado un poco más arriba aún? Lo mismo, por supuesto.

¿Hasta dónde llega esa fuerza de gravedad entonces? Probablemente hasta el límite de la atmósfera... Pero, ¿esto tiene sentido? Claro que no. Si la manzana ubicada en el límite de la atmósfera cae, ¿por qué no habría de caer si está situada unos centímetros más arriba? ¿Acaso la gravedad se corta de repente?

Es decir, piensa Newton, la gravedad llega hasta muy arriba, por ejemplo hasta la Luna. Pero si la atracción terrestre alcanza a la Luna y tira de ella hacia sí, eso significa que la Luna también está cayendo, sólo que lo hace de tal manera que esa caída permanente se convierte en un permanente girar.

La misma fuerza que tira de la manzana es la que hace girar a la Luna alrededor de la Tierra.

No hay una fuerza especial para los astros: la fuerza que mueve a la Luna alrededor de la Tierra es exactamente la misma que hace caer la piedra al suelo, la gravitación. De un solo golpe, Newton unifica la física del mundo, al establecer que dos fenómenos que en principio no parecen tener nada que ver responden a una sola e idéntica causa.

Es un día cualquiera, un día en el que a la Luna le toca ser vista de día muy por encima del manzano de una de cuyas ramas se desprende una manzana fragante que cae a los pies del joven Newton y le permite unificar el insoportable universo.

Tras el fin de la plaga, Newton regresó a Cambridge, y poco después pasó a formar parte de la Royal Society de Londres. En ese mismo año publicó su primer trabajo científico acerca de la luz y el color. En 1678 sufrió un ataque nervioso que lo llevó a aislarse durante casi seis años y, superada su crisis, volvió a gatear lentamente hacia la teoría de la gravitación universal.

En 1685 presentó un informe sobre el movimiento de los astros con el título *De motu*: era la primera noticia del famoso descubrimiento mediante el cual Newton unificaba los fenómenos celestes y terrestres y deducía matemáticamente las leyes de Kepler del principio de gravitación universal. Se publicó ampliado en 1687, con el título *Philosophiae naturalis principia mathematica*. Esto es, *Principios matemáticos de la filosofía natural*.

8. Newton escribe el libro de la naturaleza que anunció Galileo

La filosofía está escrita en este gran libro, el universo, que está continuamente abierto a nuestra mirada. Pero ... está escrito en el lenguaje de las matemáticas y sus caracteres son triángulos, círculos y otras figuras geométricas.

GALILEO GALILEI

Si Galileo había sostenido que el libro de la naturaleza está escrito en caracteres matemáticos, Newton escribió ese libro o por lo menos algo que se aproxima mucho a él. Nada más parecido al anhelo de Galileo que los *Philosophiae naturalis principia mathematica* de 1687. Es difícil disimular el asombro que aún hoy produce su lectura: la ciencia moderna, la de los tres siglos siguientes, sale perfectamente formada, con un programa y un sistema que, poco a poco, se extenderán a la explicación y la comprensión de todos los rincones y sectores de la realidad. Los *Principia* exponen a la física como un conjunto de proposiciones, axiomas y definiciones con riguroso estilo matemático. Además de la ley de inercia (todo cuerpo persevera en el estado de reposo o de movimiento uniforme en que se encuentre, a menos que una fuerza lo obligue a cambiar de estado), enuncia la ley de proporcionalidad entre la fuerza y la aceleración, y el principio de acción y reacción. Con estas tres herramientas Newton, entre otras cosas, demuestra la ley kepleriana de las áreas como un teorema e, inversamente, demuestra también que un cuerpo que cumpla las leyes de Kepler se mueve según una fuerza central inversamente proporcional al cuadrado de la distancia. En este primer libro, y también en el segundo, establece sobre bases firmes la cinemática y la dinámica como preludio al tercero: *Sistema del mundo matemáticamente tratado*.

9. La ley de gravitación universal organiza el universo entero

Y en su tercer libro enuncia su ley de gravitación universal, que resuelve el último problema del sistema copernicano: ¿qué es lo que mueve a los planetas?

Aristóteles había imaginado que los astros estaban adheridos a esferas que giraban arrastrando todo consigo.

Copérnico había hecho malabarismos con la tendencia de las esferas a girar por sí mismas. Pero Tycho Brahe había destruido las esferas.

Kepler había imaginado una especie de fuerza magnética que emanaba del Sol y barría a los planetas de costado.

Descartes había inventado torbellinos de materia sutil.

Newton resolvió el problema estableciendo que la fuerza que mueve a los planetas es la misma que hace caer las manzanas del árbol, una fuerza que tira hacia el centro y que disminuye en proporción al cuadrado de la distancia y que es proporcional a la masa de los cuerpos en juego.

El planteamiento de Newton parte del principio de inercia: los planetas seguirían moviéndose en línea recta si no hubiera una fuerza central, la gravedad solar, que, tirando de ellos hacia sí, los apartara de la línea recta natural y curvara sus trayectorias de manera permanente. A su vez, esa fuerza que emana del Sol disminuye con el cuadrado de la distancia, según la conocida fórmula $F = G \cdot m \cdot M / d^2$, donde G es una constante universal.

Y esa fuerza es la que actúa sobre la manzana que cae, y según la misma ley.

«Siendo universalmente evidente, mediante los experimentos y las observaciones astronómicas, que todos los cuerpos que giran alrededor de la Tierra gravitan hacia ella, que nuestro mar gravita hacia la Luna y que todos los planetas gravitan unos hacia otros y que los cometas gravitan hacia el Sol, de igual manera; entonces, debemos admitir que todos los cuerpos están dotados de gravitación recíproca.»

Esto es, la ley vale para todos los cuerpos del universo y dos cuerpos cualesquiera se atraen con una fuerza que es directamente proporcional al producto de sus masas e inversamente proporcional al cuadrado de sus distancias. Dos cuerpos cualesquiera en dos lugares cualesquiera... Es muy difícil transmitir la fuerza de esta síntesis. Los viejos espacios lunar y sublunar, regidos por leyes diferentes, desaparecen, y emerge un espacio único, gobernado por las mismas leyes, un espacio vacío, geométrico, euclidiano, plano, infinito y único, sin lugares distintos o especiales. Un escenario absoluto, sobre el cual fluye el tiempo matemático, que da la hora en todo el universo.

10. La teoría de la gravitación tiene un punto débil

La teoría de la gravitación universal tenía un único inconveniente: la acción a distancia. La fuerza de gravedad actuaba de manera instantánea, atravesando el vacío. Emanaba del Sol, de la Tierra o de cualquier objeto, y aferraba los cuerpos sin intermediarios. ¿Cómo era posible? Los cartesianos no podían aceptar tal cosa y Leibniz se quejó de que en la construcción de una ciencia mecánica se introdujera lo que llamaba contrabando metafísico.

Newton no dejó de advertir esta dificultad de su teoría de la gravitación y se refirió a la gravedad en el escolio general que cierra la segunda edición de los *Principia*: «Hasta aquí he expuesto los fenómenos de los cielos por la fuerza de la gravedad, pero todavía no he asignado causa a la gravedad ... cuya acción se extiende por todas partes hasta distancias inmensas, decreciendo siempre como el cuadrado de la distancia. ... Pero no he podido todavía deducir a partir de los fenómenos la razón de estas propiedades de la gravedad y yo no hago hipótesis. Pues lo que no se deduce de los fenómenos ha de ser llamado hipótesis; y las hipótesis, bien metafísicas, bien físicas o de cualidades ocultas o mecánicas, no tienen lugar dentro de la filosofía experimental».

En 1693, cuando ya era todo un patriarca de las ciencias y tenía una importante acción pública (en 1695 le nombraron primero inspector y luego director de la Casa de la Moneda en Londres y fue bastante eficiente en un momento en el que había un verdadero caos monetario), sufrió un segundo ataque nervioso y se retiró durante varios años. Su labor científica posterior fue insignificante. Dedicó el resto de su vida principalmente a la polémica con Leibniz por la prioridad en la invención del cálculo infinitesimal. En 1703 fue elegido presidente de la Royal Society. Cuando murió, en 1727, fue sepultado con los mayores honores en la abadía de Westminster.

Quien la visite, verá que a su alrededor yacen los más gloriosos científicos ingleses, y en la losa que cubre la tumba de Herschel, el gran astrónomo que en 1781 descubriría el planeta Urano, se puede leer: «La gloria de Herschel fue tal, que merece el mayor homenaje que se le puede dispensar: descansar cerca de Newton».

11. Al regresar, el cometa Halley marca el triunfo de la ciencia newtoniana

La verdad es que sería hermoso poder referirse a Newton como si fuera un dios de cuya mente la ciencia y el universo salen perfectamente formados a partir de la nada. Pero Newton no fue un dios, aunque la magnitud de su trabajo científico es tal que, probablemente, nunca una sola persona dio un paso tan enorme como el dado por él, más aún si se consideran sus trabajos en óptica y sobre todo, la invención, junto con Leibniz, del cálculo infinitesimal. Es cierto que Newton parece monstruoso. Pero los *Principia* eran la culminación de 150 años de esfuerzos que venían desde Copérnico. En la época de Newton la idea de que el motor del sistema solar era una fuerza central, es decir, una fuerza que tira de los planetas hacia el centro (y de las manzanas) andaba por la cabeza de muchos, en especial por la de Robert Hooke, que estuvo muy cerca de enunciar él mismo la gran ley. O mejor dicho, la enunció, pero no pudo demostrarla... Se trata de un episodio confuso a raíz del cual Hooke fue víctima de un odio tan violento por parte de Newton que su figura gigantesca quedó eclipsada por mucho tiempo. Newton también se dedicó a la alquimia, a las investigaciones esotéricas de todo tipo y a determinar exactamente la fecha del diluvio.

El sistema newtoniano encontró bastante resistencia, básicamente en Francia, llena de torbellinos cartesianos. Sin embargo, la prueba decisiva vino cuando el astrónomo Edmund Halley, estudiando la órbita de los cometas de 1531, 1607 y 1682, encontró que eran sensiblemente iguales y llegó a la conclusión de que se trataba de un mismo cometa que nos visitaba cada 75 años. Con la ley de gravitación en la mano, predijo su regreso hacia 1758.

Y cuando en 1758 —tanto Newton como Halley habían muerto— el cometa, efectivamente, volvió, la prueba de la ley de la gravitación universal quedó a la vista de todos. Hasta los torbellinos de Descartes se vieron obligados a rendirse y la física de Newton se convirtió en el paradigma de toda la ciencia. Porque la ciencia que emerge de los *Principia* no es solamente una teoría, sino un programa general, señala un camino y un método para que las otras disciplinas puedan aplicarlo a su vez.

Y así fue como Newton explicó el mundo y marcó la culminación de la revolución científica. El espacio absoluto, infinito vacío, profano, geométrico y euclidiano sobre el que fluye el tiempo continuo y matemático, el mecanismo gobernado por leyes matemáticas se impuso como visión del cosmos y así se quedó durante más de dos siglos hasta caer en las manos poderosas de Einstein, que lo curvaron y retorcieron, dando paso a un mundo nuevo.

Montado sobre hombros de gigantes, había visto más allá, y sin embargo, como dijo alguna vez «...me siento como un niño que juega con los guijarros de la playa, mientras el gran océano de lo desconocido se extiende delante de él».

Capítulo 3
LAVOISIER Y LA TEORÍA
DE LA COMBUSTIÓN

Antoine-Laurent Lavoisier

1. Todos los fuegos el fuego

Tomé en hueca caña la furtiva chispa, madre del fuego; lució,
maestra de toda industria, comodidad grande para los hombres;
y de esta suerte pago la pena de mis delitos, puesto al raso y en pri-
siones.

Esquilo,
Prometeo encadenado

Hace 400.000 años se encendieron las hogueras del hombre de Pekín y desde entonces el fuego fue tan esencial para la humanidad
que es difícil imaginarse la civilización sin él: uno puede pensar en
culturas sin rueda, sin escritura, sin arado, pero no sin fuego.

También resulta difícil imaginar lo que significó. Nuestros antepasados prehistóricos habitaban una tierra hostil, plagada de pe-
ligros y calamidades naturales, y el fuego era una de ellas: cuando a
causa de un rayo o de la sequía se incendiaba la sabana no podían
hacer otra cosa que huir y temblar. Pero un día aprendieron a lle-
varlo a sus cavernas y conservarlo juntando cuidadosamente ramas
secas y, de repente, ese azote terrorífico se convirtió en un aliado y
todo cambió: los miembros de la tribu podían cocinar los alimentos, defenderse de las fieras y sentarse a su alrededor, compartien-

do historias en un lenguaje que ni siquiera existía aún, protegidos por su luz y su calor. Que el fuego se apagara —¡los desdibujados dioses del principio no lo permitieran!— podía significar el fin y la muerte de todos. Y otro día, alguien —cuyo nombre nunca sabremos— descubrió que golpeando dos piedras saltaba una chispa con la cual se prendía un conjunto de hojas secas. Aprendieron a crear fuego y en ese mismo momento, justo en ese instante, cambió el curso de la especie. Se acabó el temor a que el fuego se apagara: ahora los hombres lo habían hecho suyo, era una herramienta, la más poderosa, la tecnología más potente que jamás se inventó. Ni los grandes cohetes que van a la Luna, ni los satélites artificiales, ni los sofisticados robots que componen los circuitos integrados para los ordenadores pueden compararse al invento que surgió del golpe inteligente de dos piedras de sílex. El fuego multiplicó los poderes y las habilidades. Cerca de él, el barro se endurecía, se tornaba duro e impermeable: nacía la cerámica, y con ella las vasijas capaces de almacenar y transportar el agua, el ánfora griega, los jarrones chinos, el *arybalo* incaico y el plato para nuestra mesa. El fuego vencía al metal, lo derretía, lo volvía maleable; permitía trabajar y dar la forma elegida al cobre, el plomo, la plata y el oro. Más tarde vendrían las aleaciones como el bronce y, luego, el hierro con su cohorte de instrumentos: el taller, el fuelle, el yunque y el martillo, de donde descienden directamente los altos hornos y el acero, que hoy esparcen sus productos por los cuatro rincones de la Tierra. ¿Cómo no creer que era un dios e identificarlo con el Sol, proveedor también de luz, calor y vida? Cuando aquellas tribus, hordas, grupos o lo que fueran se transformaron en civilizaciones que construyeron ciudades, el fuego conservó ese valor ritual de haber marcado un comienzo que todos habían olvidado ya y quedó envuelto por la leyenda. Prometeo, el fuego olímpico, las fogatas de San Juan, el terror ante el incendio, el silencio ante la hoguera del campamento.

Cuentan los tehuelches que Kóoch, «el que siempre existió», vivía entre neblinas oscuras en el punto en que se unen el cielo y el mar. Cansado de estar solo, un día comenzó a llorar sin parar, durante tanto tiempo que formó el mar llamado Arrok. Kóoch, sorprendido, detuvo sus lágrimas y suspiró, dando lugar al viento. Kóoch quiso ver su obra y, alzando la mano, creó una enorme chispa, el Sol, que iluminó todo a su alrededor. Luego llegaron las nubes y Kóoch quedó satisfecho.

Tiempo después Elal, un héroe-dios, creó a los Chonek, los hombres, en el Chaltén y se transformó en su guía y protector. Elal comprendió que sus criaturas se sentían solas y desprotegidas y les dio el mejor regalo que se pueda dar, enseñándoles que golpeando dos piedras surgen las chispas, madres del fuego. Nunca más los tehuelches temieron a la oscuridad ni a las heladas, porque ya eran dueños del secreto del fuego.

2. Los átomos de fuego

Cuenta una leyenda hindú que durante una visita del maharajá de la región, el jefe de la aldea lo llevó por la calle principal y le mostró a un hombre inclinado ante el fuego y recitando una plegaria.

—Es un sacerdote —dijo el maharajá.

Y luego vieron a un hombre que, alimentando el fuego con un fuelle, derretía el metal y fabricaba una espada.

—Es un herrero —dijo el maharajá.

Después llegaron hasta un hombre que volcaba oro puro, en estado líquido, sobre un molde cuidadosamente labrado.

—Es un orfebre —dijo el maharajá.

Y al final de la calle encontraron a otro hombre, sentado, sin hacer nada, pero mirando fijamente el fuego.

—¿Qué hace? —preguntó desconcertado el maharajá.

—Trata de averiguar qué es el fuego —le contestó el jefe de la aldea—. Es un filósofo.

Sin embargo, esto fue algo muy difícil de averiguar. De pronto parece una cosa viva: se mueve, se propaga, nace y se extingue. A veces, es maléfico: quema la piel y se lleva la vida; otras veces, es benefactor: sirve en la paz y en la guerra es un arma temible. Cambia de color: si acercamos un poco de sal al fuego de la cocina, la llama se vuelve amarilla. El carbón es difícil de encender, una hoja de papel se quema muy rápidamente, la pólvora se enciende con un fogonazo. Para poder volar una gran roca es necesaria la dinamita. Para que un automóvil o un avión puedan moverse hacen falta una serie de pequeñas explosiones de gasolina. ¿Hay algo en común entre todos esos fuegos? ¿Por qué algunas cosas se encienden y otras no? ¿Por qué se contagia? ¿Qué ocurre cuando algo se quema? ¿El fuego es algo que sale del interior de la materia que arde? El fuego transforma las cosas: endurece la arcilla, funde los metales, convierte la madera en cenizas y un pastizal en humo, quema la piel y consume casi por completo un trozo de carbón. ¿Cómo es posible? No es nada fácil responder. Pero una vez que se hubo aprendido a dominarlo, fue inevitable avanzar paso a paso hasta descubrir qué era.

Y cuando los filósofos griegos decidieron comprender qué es el mundo sin recurrir a los dioses, eligieron al fuego como uno de sus componentes fundamentales. Aristóteles, universal y omnipresente como siempre en todas las cosas que tienen que ver con esta humana costumbre de hacer ciencia, fijó la teoría de los cuatro elementos, cuatro sustancias que formaban todas las demás, y el fuego fue una de ellas: las otras tres eran el aire, el agua y la tierra (la idea se conserva aún en el lenguaje cuando se habla de la «furia de los elementos»).

En la filosofía aristotélica, y en cualquier otra que partiera de la existencia de los cuatro elementos, el fuego era una sustancia, un ente material. Sin embargo, era un ente material en cierto modo diferente a los otros: la tierra y el agua se pueden palpar; el aire puede respirarse y encerrarse en una vasija; pero el fuego resulta inasible; por alguna razón misteriosa, no se puede tener «fuego solo», si bien los pitagóricos, por su parte, pensaban que la Tierra, el Sol, la Luna y todos los planetas giraban alrededor de un gran fuego central que ocupaba el centro del universo.

La teoría de los cuatro elementos se combinó con las de quienes opinaban que todo estaba formado por partículas indivisibles, los átomos, y así se estableció que había cuatro tipos de átomos y entre ellos, naturalmente, átomos de fuego. Al quemarse, la materia cedía los átomos de fuego encerrados en ella y formaba la llama. Y si no estaba formada por ese tipo de átomos, la materia no ardía.

Ya no era un dios, sino un ente material como los demás, una de las sustancias básicas del mundo, que además tenía la rara propiedad de descomponer la materia en sus elementos más simples y básicos, como cuando arde la madera y se separan el humo y las cenizas. Toda una idea.

La alquimia medieval no modificó las cosas: heredó la teoría antigua sobre el fuego y los alquimistas estrujaron la materia para obtener átomos de fuego, combinarlos con átomos de tierra y producir oro: era la piedra filosofal, que buscaron con ahínco encerrados en la bruma de sus laboratorios. Pero ellos mezclaban la experimentación con la especulación filosófica y religiosa, los rituales mágicos, las creencias astrológicas que asociaban los planetas con los metales y las doctrinas esotéricas reveladas por Hermes Trismegisto, que muchos años más tarde guiaría en Macondo la afanosa búsqueda de José Arcadio Buendía. O se aferraban a creencias espiritualistas, según las cuales la materia estaba de alguna manera viva y respondería al contacto de la piedra filosofal dando el oro, lo mejor de sí.

No consiguieron nada, claro está, y nada concreto quedó de la alquimia. Pero a partir del Renacimiento, los alquimistas que buscaban la piedra filosofal y el elixir de larga vida, se transformaron lentamente en químicos constructores de moléculas, cazadores de sustancias y fundadores de poderosas industrias.

Uno de estos personajes intermedios, medio científicos, medio magos, fue Paracelso (1493-1541), un tipo extravagante y genial, a quien muchos consideran, algo exageradamente, uno de los iniciadores de la medicina y la química modernas, pero que aún tenía un pie en el pensamiento precientífico. Paracelso tenía serias dudas sobre los cuatro elementos, los dejó «por el momento» de lado (no se animó a abandonarlos completamente, ya que pesaba demasiado la autoridad de Aristóteles) y los reemplazó por tres «principios», azufre, mercurio y sal, que según él entraban en la formación de todas las sustancias y eran portadores de sus propiedades. También tuvo su teoría del fuego y la combustión: lo que arde es el azufre, lo que se volatiliza y escapa en el humo es el mercurio y lo que queda como residuo es la sal. La nueva idea marcaría una época.

Otro personaje interesante fue Jan van Helmont (1580-1644), que tampoco creía mucho en los cuatro elementos. Bueno, en realidad, sólo creía en uno de ellos, el agua, y en consecuencia, negó materialidad al fuego, a pesar de apoyar la antigua convicción de que el fuego separaba la materia compuesta en elementos simples. A Van Helmont se debe la invención de la palabra «gas», que según algunos tomó del griego *chaos*, y según otros, por su semejanza fonética, de la palabra alemana *geist* («espíritu»), así como la creencia de que existía un disolvente universal, llamado alcahesto, capaz de conseguir que cualquier sustancia volviera al agua original. En cuanto a la llama, aseguraba que no era otra cosa que un gas incandescente, un vapor encendido, un gas al rojo vivo, de la misma manera que el hierro se pone al rojo vivo si se calienta mucho, y suponía que el fuego era un agente, un mero accidente de la materia. Aquí había una idea interesante, algo nuevo.

Pero ya estaba en funciones la revolución científica. Y eso era más novedoso todavía.

3. El fuego resiste a la revolución científica

La revolución científica dio vuelta a todo: el universo múltiple de los magos, el universo irreparable de los metafísicos, el universo teologal de los medievales y el universo cerrado de Aristóteles saltaron en pedazos y redujeron la inmensa y multiforme maquinaria de los antiguos y los medievales a ruinas no siempre gloriosas. El mundo se transformó en un gigantesco mecanismo gobernado por leyes simples.

Pero además, la revolución científica fue también una revolución conceptual, un cambio de actitud que partía de una sencilla convicción: ese mecanismo se podía comprender. Aunque no era cuestión de sentarse y esperar a que se manifestara o revelara, sino que había que dirigirse hacia él, experimentar con él, mirar con precisión lo que ocurría: el universo era un laboratorio inagotable.

La materia y el misterio de la combustión, sin embargo, resistían. En medio de la avalancha de transformaciones y descubrimientos, en pleno siglo XVII, Robert Boyle (1627-1691), a quien muchos consideran el padre de la química moderna, revisó cuidadosamente todos los conceptos químicos, entonces bastante nebulosos (su libro

The Sceptical Chemist se considera, con justicia, fundacional) y rechazó aquellas ideas que fueran confusas, tal como había hecho Descartes. Para empezar, renegó de los cuatro elementos, arguyendo que no había ninguna prueba de que lo fueran, y de los tres principios de Paracelso: «Me gustaría saber cómo se llegaría a descomponer el oro en azufre, en mercurio y sal. Yo me haría cargo del costo de la operación».

Aunque Boyle era un hombre rico, nadie aceptó el desafío. Y ya que de dudar se trataba, también dudó de la milenaria convicción de que el fuego descomponía la materia en sustancias simples: «Creer que el fuego reduce los cuerpos a sus ingredientes elementales es desconocer el hecho experimental de que la combustión da origen a productos nuevos, que en su mayoría son de naturaleza compuesta».

Boyle tenía una nueva e interesante herramienta para investigar la naturaleza del fuego: la bomba de vacío, de reciente invención, gracias a la cual comprobó que en el vacío las cosas (aun un cuerpo tan inflamable como el azufre) no ardían, subrayando así, por lo tanto, la importancia del aire para la combustión. En realidad, ese papel fundamental del aire era un hecho conocido ya por los alquimistas y que de alguna manera puede intuir cualquiera que sopla para avivar la brasa de una hoguera, el herrero armonioso que se apura con el fuelle porque está pasando el señor Georg Friedrich Händel o el espectador impotente que ve cómo el viento aviva el incendio incontrolable de un bosque. La bomba de vacío corroboró que, sin aire, no había fuego.

A pesar de ser una pista importante, Boyle no la siguió hasta el final. Fue demasiado cauto con relación al fuego y aunque descreyó de que el fuego fuera un elemento, e incluso de su carácter material, también habló de «partículas de fuego».

Las investigaciones de Boyle y de su continuador, Robert Hooke, insinuaban una línea que se aproximaba al secreto del fuego y a la construcción de una química de tipo newtoniano, acorde con los tiempos que corrían, pero que no prosperó, porque de repente apareció una explicación, una teoría general que parecía resolver el problema de la combustión de una vez por todas.

4. El flogisto conquista el mundo

El buen señor Johann Joachim Becher (1635-1682), que en 1669 publicó su *Physica subterranea*, nunca sospechó que estaba preparando el terreno para una teoría de alcance universal. No creía en los cuatro elementos aristotélicos, que estaban de capa caída, pero sí en dos de ellos, el agua y la tierra, o mejor dicho, tres tipos de tierra; una de ellas, la «tierra combustible», se liberaba en la combustión en forma de gas a través del fuego y dejaba atrás las cenizas (o una cal en el caso de los metales). Respecto del fuego, Becher seguía la línea de Van Helmont: el fuego era el agente universal de las transformaciones, que descomponía materiales complejos en compuestos simples que, lógicamente (como las cenizas), resultarían incombustibles, ya que no les quedaba tierra combustible que quemar.

No hacía falta ser un genio para darse cuenta de que las tres tierras de Becher eran poco menos que una especie de disfraz casi explícito de los tres principios de Paracelso. Pero resultó que uno de sus discípulos, Georg Ernst Stahl (1660-1734), tomó las ideas de su maestro y las transformó en una teoría general de la combustión y en el espinazo de la química de aquel entonces. A la tierra que Becher había llamado «combustible», Stahl la llamó flogisto (del griego que significa «quemado» o «llama») y le asignó el supremo y noble propósito de ser el eje, la clave, el agente y el sostén de la combustión. Y mucho más.

El flogisto era un «principio», una sustancia a medio camino entre la materialidad y la metafísica, pero que aseguraba el funcionamiento químico del mundo. La combustión, según Stahl, era simple: quemarse era simplemente dejar escapar el flogisto oculto en el cuerpo que ardía y que, como un humo invisible, se mezclaba con el aire. Todos los cuerpos capaces de arder contienen flogisto y lo entregan al quemarse. En el momento de la combustión, el flogisto rompe su unión con los cuerpos y se escapa; la pérdida de flogisto explica el cambio de propiedades de los cuerpos quemados: la madera, al perder su flogisto, produce carbón. Indudablemente, se trataba de una idea simple y atractiva.

La verdad es que este flogisto del amigo Stahl era medio raro: ni líquido, ni sólido, ni gaseoso, era invisible, estaba oculto y en principio no podía ser aislado, porque siempre estaba combinado. En cierta forma se parecía al alcahesto, aquel disolvente universal que había imaginado Van Helmont, capaz de lograr que cualquiera de las sustancias volviera al agua original y que, obviamente, no podía ser retenido en ningún recipiente. El flogisto tenía un olorcito metafísico que no encajaba del todo con su carácter material.

Pero, raro o no, el flogisto explicaba casi todos los hechos conocidos entonces sobre la combustión. Quemarse era perder flogisto. Obviamente, la combustión terminaba al agotarse el flogisto del combustible. La importancia del aire en el asunto se debía a que ponía en movimiento las partículas de flogisto y, dado que ese movimiento es bastante rápido, el flogisto se desprendía. En una campana cerrada de vidrio, la llama se apagaba después de un tiempo, porque un volumen determinado de aire únicamente podía absorber una cierta cantidad de flogisto, y cuando el aire se saturaba de flogisto (se flogistizaba), la combustión cesaba. Y respecto del vacío, claro está, nada podía arder, ya que... ¿a quién podría entregarle su flogisto?

Además, Stahl *dixit*, había un ciclo del flogisto en la naturaleza: era atraído por el aire atmosférico y luego era reabsorbido por las plantas, como lo probaban las propiedades combustibles de la madera. Al quemarse, ésta devuelve su flogisto, que pasa nuevamente al aire. El ciclo del flogisto era el lazo principal entre los tres reinos naturales.

A mediados del siglo XVIII la doctrina del flogisto, que no implicaba grandes rupturas ni con la física aristotélica ni con otras teorías de la materia, era ampliamente aceptada y el misterio de la combustión parecía resuelto. El mismísimo Kant lo alabó en su *Crítica de la razón pura* como «una de las grandes conquistas del espíritu humano». No era una teoría aislada, una explicación particular de un fenómeno particular, era un sistema completo alrededor del cual se organizó la química, flogistizada de arriba abajo.

Una consecuencia inesperada fue la resurrección de la ya obsoleta teoría de los cuatro elementos de Aristóteles. La química de flogisto, tal como la inició Stahl, es atomística, pero los átomos son incognoscibles y sólo se manifiestan en las propiedades que confieren a las mezclas, y el nivel esencial de las interpretaciones químicas está dado por los cuatro elementos aristotélicos.

En el diccionario de química de Pierre Joseph Maquer, publicado en 1766, bajo el epígrafe «principios» se afirma lo siguiente: «Se reconocerá sin duda con asombro que actualmente admitimos como principios de todos los compuestos los cuatro elementos, el fuego, el agua, el aire y la tierra, que Aristóteles había designado como tales mucho antes de que se tuvieran los conocimientos químicos necesarios para comprobar la verdad de esta afirmación. En efecto, sea cual fuera la forma en que descompongamos los cuerpos, siempre obtenemos estas sustancias; constituyen el colofón del análisis químico».

Las cosas, sin embargo siguieron su curso y la química, aunque flogistizada, dio sus grandes investigadores: Black, Scheele, Cavendish. Y Priestley.

Joseph Priestley (1733-1804) era inglés, librepensador en cuestiones de religión y ortodoxo en química, flogicista convencido, sacerdote y uno de los mayores cazadores de sustancias, en especial gases, de todo el siglo XVIII. En 1767 vivía al lado de una fábrica de cerveza y comenzó a interesarse en el fenómeno de la efervescencia que producía el llamado «aire fijo» (dióxido de carbono), un gas descubierto y aislado por Black. Experimentando incansablemente con él, descubrió un montón de gases más, que pudo describir para su mayor gloria y honor. Pero fue el 1 de agosto de 1774 cuando alcanzó la inmortalidad (y algo más).

Con una lupa que concentraba los rayos del sol, calentó un poco de óxido de mercurio dentro de una campana de vidrio herméticamente cerrada y al abrirla encontró un «aire», un gas sin olor. Cuando introdujo una vela encendida en ese «aire» notó que la llama se avivaba. Evidentemente, había obtenido un gas nuevo (el mismo que, aunque él no lo supiera, había aislado Scheele). Era obvio que si ese nuevo gas hacía arder muy bien una vela o permitía vivir a un ratón, estaba «ansioso» por tomar el flogisto (como un papel por absorber el agua), mucho más ansioso que el aire común, como si careciera por completo de flogisto. Esto es, estaba deflogisticado, y así lo llamó: «aire deflogisticado». Orgulloso de su descubrimiento, Priestley dijo, después de respirar «su» aire deflogisticado: «Mi pecho se sintió particularmente ligero por un tiempo..., quien sabrá, pero, en un tiempo este aire puede transformarse en un lujoso artículo de moda. Hasta este momento sólo dos ratones y yo hemos tenido el privilegio de respirarlo».

Priestley era un verdadero militante, casi un guerrillero del flogisto, que por aquel entonces imperaba sin opositores, por lo menos visibles, y no era de extrañar. A nadie se le había ocurrido ninguna otra teoría que explicara tantas cosas: el flogisto ponía en contacto los tres reinos naturales y revelaba el ciclo de nacimiento y muerte de la naturaleza; no era solamente el agente de la combustión y el fuego, el que había transformado al hombre prehistórico en el hombre poderoso del siglo XVIII, sino que era el portador de las principales cualidades químicas; una sal combinada con el flogisto, daba un álcali; un ácido universal con el flogisto, daba un ácido nítrico. Era, como la luz, el magnetismo o la electricidad, uno de los agentes imponderables y esenciales del mundo. La civilización entera estaba sostenida por andamiajes de flogisto. Todo encajaba: ¿cómo no iba a reinar sin cuestionamientos? Y además, el flogisto desvelaba el misterio del fuego y la combustión: era lo que todos estaban esperando desde el momento en que, por primera vez, el metal se fundió para fabricar una espada o un arado.

5. Pero el flogisto tenía un punto débil: el enigma de la calcinación de los metales

Sin embargo, la gran síntesis del flogisto, la coronación de la química que había instaurado Stahl, que había desvelado los misterios del fuego y que había producido su mejor joya en el aire deflogisticado de Priestley, en el que cualquiera podía respirar de manera exquisita, tenía algunos puntos débiles, y uno de los más serios era el problema de la calcinación de los metales.

A muy altas temperaturas, un metal también se quema y deja como residuo una cal, cambiando naturalmente su aspecto. Hasta ahí no había nada raro, ya que era obvio que, si el metal perdía su flogisto, sus propiedades se tenían que alterar. Pero lo que sí resultaba más que raro, rarísimo, era que, después de perder su flogisto, los metales aumentaran de peso.

¿Cómo era posible?

Esta historia de la calcinación de los metales y el aumento de peso era conocida desde hacía mucho tiempo. Lo habían informado algunos alquimistas, e incluso se había intentado explicarlo, ya que contradecía la antiquísima idea de que el fuego descomponía la materia. Según algunos, los átomos de fuego se fijaban sobre el metal al quemarse, y para otros el fuego arrancaba las partículas más livianas del metal y así lo tornaba más pesado (no hay que olvidar que el aristotelismo diferenciaba pesadez y liviandad, y así, los átomos de fuego eran como globos más livianos que el aire enquistados en la materia que, cuando se soltaban y subían, la hacían más pesada).

El misterio no escapó a la minuciosa atención de Boyle, que estudió el fenómeno con la meticulosidad de siempre: calcinó estaño en un recipiente cerrado; pesó el estaño antes y después de quemarse e hizo lo mismo con el recipiente. Al abrirlo, oyó al aire entrar precipitadamente.

Si Boyle hubiera podido leer este libro, seguramente habría prestado más atención a ese sonido. Pero faltaba mucho para que este libro se publicara y el hecho se le escapó. Y es que los científicos son así: un pequeño descuido, o la imprudencia de no leer el libro adecuado, los alejan de un gran descubrimiento que tenían ante sí. Tampoco se le ocurrió a Boyle pesar el recipiente con el estaño dentro antes y después de la calcinación y supuso que el aumento de peso era debido a una sustancia que el metal sacaba del fuego y que había atravesado las paredes de la retorta.

Robert Hooke, que fue su ayudante y uno de los más grandes científicos ingleses, interpretó la combustión de manera diferente: supuso que en el aire había algo, una sustancia que «posee la propiedad de disolver todos los cuerpos combustibles si éstos son calentados suficientemente; el fuego era un mero fenómeno accidental».

Hubo un científico, John Mayow (1643-1679) que fue más allá, al demostrar que no es el aire el que alimenta la combustión, sino uno de sus constituyentes, al que llamó «espíritu nitro-aéreo». Mezclado con nitro (nitrato de potasio), observó, un cuerpo se quema en el vacío y el «espíritu del nitro» sirve de alimento al fuego. Para que un cuerpo pueda arder, decía, no basta con que tenga partículas combustibles, sino que hace falta que éstas entren en contacto con el espíritu nitro-aéreo que existe en el aire.

Mirado desde la teoría del flogisto, el aumento de peso era problemático, ya que aseguraba que al quemarse, los metales se separan en sus elementos más simples: cal y flogisto. ¿Pero cómo podía ser que los metales al perder flogisto ganaran peso? Stahl supuso que la pérdida del flogisto dejaba «huecos» en la materia que el aire comprimía y así todo se volvía más pesado... El argumento era verdaderamente flojo, y confundía peso y densidad, ya que si el aire comprime, la materia se vuelve más densa, pero no más pesada.

Algunos seguidores de Stahl, como suele suceder, fueron más allá de su maestro y propusieron una solución arriesgada, arriesgadísima: ya que las teorías de Aristóteles y el asunto de los cuatro elementos estaban otra vez en boga (¡en pleno siglo XVIII!), concluyeron que forma parte de la naturaleza del flogisto ir hacia arriba (como el fuego del que es parte) y, por lo tanto, quita peso al objeto que era su lastre. Esto es, ¡el flogisto tenía peso negativo!

Era una explicación un tanto descabellada, pero la verdad es que los flogicistas no estaban muy alarmados por la cuestión de los metales, que no les quitaba el sueño: suponían que en algún momento se encontraría la solución, del mismo modo que los copernicanos imaginaban que, tarde o temprano, se arreglarían las dificultades físicas del sistema heliocéntrico.

Otro problema del flogisto era su inmaterialidad, su carácter casi metafísico... Pero, ¿acaso no lo eran la luz, el magnetismo, la electricidad..., y hasta la propia fuerza de gravitación? Ya se resolvería.

Aunque el mayor problema, el problema fundamental que debía afrontar el flogisto era que, en realidad, no existía.

Quien enfrentó decididamente al flogisto y lo derrotó fue Antoine-Laurent Lavoisier (1743-1794), que lo envió adonde quiera que van a parar las sustancias que no existen.

6. Lavoisier decide revolucionar la química

Nada se crea ni en las operaciones del arte, ni de la naturaleza y se puede elevar a la categoría de principio que en todo proceso hay una cantidad igual de materia antes y después del mismo... Sobre este postulado se funda todo el arte de hacer experiencias en química.

ANTOINE-LAURENT LAVOISIER,
Tratado de química, 1789

El padre de Antoine-Laurent Lavoisier, un rico abogado preocupado por la educación de su hijo, lo envió a un excelente colegio, donde estudió matemáticas, astronomía, química y botánica, se empapó de una ideología razonablemente liberal y se convirtió en un verdadero intelectual del Siglo de las Luces, un caballero de buena posición y hombre de la Ilustración, que apoyó la Revolución Francesa, al menos en sus inicios. A los 22 años, por un ensayo sobre la mejor manera de iluminar las calles de París, recibió una medalla de oro de la Académie des Sciences (en cierto modo equivalente, aunque no similar, a la Royal Society), en la que ingresó a los 25 gracias a un trabajo sobre el análisis de la pureza del agua de París.

Pero lo importante del experimento no era, en realidad, la pureza del agua. Resulta que, desde hacía siglos, los alquimistas y luego los químicos (incluyendo al propio Boyle) habían comprobado que, si se calentaba agua largo tiempo en un recipiente hasta que se evaporaba del todo, era posible juntar un fondo terroso, lo que mostraba que el agua se podía transformar, por lo menos en parte, en tierra.

Lavoisier realizó la prueba pesando con precisión el agua, la tierra que quedaba y, ¡genial!, el recipiente en el que se hacía el proceso. Tras calentar todo durante varias horas comprobó que el peso de la «tierra» que había quedado después de que el agua se evaporara ¡era exactamente igual al que había perdido el recipiente! Es decir, la supuesta «tierra» no provenía del agua, sino del recipiente. Conclusión: el agua no se transforma en tierra.

En realidad, había logrado algo mucho más importante que destruir una creencia milenaria (algo que ese mismo año también había hecho Scheele). El experimento daba un golpe formidable a la hipótesis de la transmutación, pero, quizás más importante aún, daba un paso decisivo hacia el principio general, el eje sobre el que establecería todo su sistema y revolucionaría la química, dándole un carácter newtoniano: el principio de conservación de la materia. Tomó el concepto newtoniano de masa que el gran Newton había definido un tanto confusamente como «cantidad de materia», la midió por su peso y estableció que nada podía surgir de la nada: «La materia puede cambiar de forma, pero el peso total de la materia implicada en una reacción química sigue siendo el mismo».

Esto es: las cosas se transforman pero no desaparecen ni aparecen de la nada; la materia, aquello que tenía masa y por lo tanto peso, no podía crearse *ex nihilo*, sólo podía provenir de transformaciones de la propia materia. De ahí en adelante, las cosas girarían alrededor de la balanza. No es que ésta no se hubiera usado antes: tanto Boyle como Van Helmont se habían valido de ellas y lo mismo Black, Scheele y, casi obsesivamente, Cavendish. La habían usado, sí, pero no habían hecho de ella y, por ende, de la masa y de su conservación el principio fundamental de su sistema. Pero ahora Lavoisier clavaba el pivote sobre el cual levantaría su edificio, el concepto de masa invariante, medida por su peso, una idea y una metodología absolutamente newtonianas.

Ese mismo año —¡ay!— compró acciones en la Ferme Générale, una compañía privada responsable de cobrar los impuestos al tabaco, con las grandes ganancias que parecen acompañar durante todas las épocas a las empresas privadas que se hacen cargo de los servicios públicos. Las acciones (que más tarde, tras la Revolución, le costarían la cabeza, literalmente, ya que la empresa era un símbolo del abuso del poder y se había ganado el odio de buena parte de la sociedad) le permitieron vivir de rentas, comprar los mejores dispositivos para experimentación existentes en su tiempo y montar un famoso laboratorio que fue visitado por los químicos de toda Europa. Se casó con Marie Paulze (de tan sólo 14 años), quien fue su mejor ayudante a lo largo de su vida (y que después de su muerte se volvió a casar con otro científico, el excéntrico conde Rumford, con quien vivió una especie de telenovela mexicana *avant la lettre*).

Lavoisier tenía algo del espíritu meticuloso y obsesivo de Tycho Brahe: así como el gran danés se había puesto a revisar las observaciones tradicionales con su astronomía de precisión, desde 1773 Lavoisier se dedicó a repetir los experimentos químicos tradicionales en forma estricta, para determinar cuántos de los resultados que se habían obtenido anteriormente se debían simplemente a errores en las mediciones o en los procedimientos. Pero además, era muy consciente de lo que hacía y de lo que quería: resolver el problema de la combustión y producir una revolución en la química. El 20 de febrero de 1773, fecha histórica, escribió en su diario: «La importancia del fin propuesto me ha animado a emprender todo este trabajo que parece destinado a producir una revolución en la química».

7. Lavoisier resuelve el problema de la combustión

El flogisto es un deus ex machina *de los metafísicos; un ente que aparentemente todo explica y que en realidad no explica nada.*

ANTOINE-LAURENT LAVOISIER

A Lavoisier no podía gustarle el flogisto. A partir de la identificación de materia y peso, una sustancia imposible de aislar y que al abandonar los cuerpos les agregaba peso y que, por lo tanto, era pasible de tener peso negativo, como sostenía el químico Guyton de Morveau, no encajaba con su concepto newtoniano de la masa como aquello que tiene peso. Desde ese punto de vista, el «peso negativo del flogisto» era un disparate, y si los metales aumentaban de peso, algo se les debía agregar al ser calcinados.

Lavoisier no era un intuitivo como Kepler, ni alguien que borra sus huellas y muestra sólo los resultados, como Newton. Avanzó paso a paso: para empezar, comprobó que no sólo los metales aumentaban de peso al quemarse, sino también el azufre y el fósforo. También repitió el experimento que un siglo antes había hecho Boyle. Calentó un trozo de estaño en un balón herméticamente cerrado, pero esta vez, sí, como si hubiera leído este libro, pesó cuidadosamente el conjunto antes y después de la calcinación. El peso no varió y, por lo tanto, concluyó, nada había entrado atravesando las paredes de la retorta, como había creído Boyle.

Al abrir el balón el aire entró y, ahora sí, aumentó el peso del conjunto. Lavoisier se convenció de que el aumento de peso experimentado se debía a que el metal había tomado cierta cantidad de aire para transformarse en cal y no que liberaba flogisto, una idea que ya le rondaba desde hacía un par de años.

Y es que así como Kepler había roto con la obsesión circular, Lavoisier estaba rompiendo de una vez por todas con la idea tradicional enquistada desde los orígenes, la que había sido formulada por Aristóteles y aceptada por los alquimistas, la que hasta el gran Boyle había terminado por suscribir, la que había impedido comprender el fenómeno de la combustión: esto es, que la combustión era algo que provenía de dentro del cuerpo que se quemaba. Lavoisier encaró el problema de una manera opuesta: el principio de la combustión estaba fuera del cuerpo combustible, que no liberaba ni átomos de fuego, ni tierra combustible, ni flogisto, ni nada.

En realidad, absorbía algo. Algo que estaba en el aire, o que era una parte del aire. Lavoisier no estaba seguro. Primero pensó que era el «aire fijo» de Black, sin poder demostrarlo. Y entonces, en octubre de 1774, recibió una visita en París.

Era, ni más ni menos que John Priestley, el gran químico inglés del flogisto, que le habló con entusiasmo de su «aire deflogisticado», «*in which a candle burns much better than in common air*» (en el cual una llama arde mucho mejor que en el aire común). Un gas que avivaba la llama, un gas que la alimentaba... Era justamente lo que Lavoisier estaba esperando y no es raro que intuyera inmediatamente que era ése el componente del aire con el que se combinaban los metales durante la combustión.

Naturalmente, primero corroboró el descubrimiento de Priestley y luego comprobó que, tras el proceso de calcinación, en la retorta ya no había más «aire deflogisticado», que había sido absorbido por el metal durante la combustión y que sólo quedaba un «aire fétido» (que llamó ázoe y que hoy llamamos nitrógeno), incapaz de mantener la combustión. «El principio que se une a los metales durante la calcinación, que aumenta su peso y que es parte constituyente de la cal es nada menos que la parte más saludable y pura del aire, que luego de combinarse con un metal, puede liberarse de nuevo con posterioridad», escribió en 1778. Había que buscar un nombre para esta nueva sustancia, un nombre que reemplazara al de «aire deflogisticado» y que no contuviera resabios del flogisto.

Y Lavoisier eligió una palabra que proviene del griego y significa «hacedor de ácidos»: oxígeno.

La verdad es que en eso se equivocó, porque puede haber ácidos independientemente del oxígeno, pero la verdad es que no tiene importancia. El misterio de la combustión estaba resuelto y de ahí en adelante fue el comienzo del fin para el flogisto: exhalaba sus últimas bocanadas. No le quedaba oxígeno.

8. El flogisto se defiende

El flogisto luchó por su vida con tenacidad tolemaica. Del mismo modo que las esferas cristalinas habían resistido un tiempo los golpes de Tycho Brahe, del mismo modo que los torbellinos de Descartes aguantaron los embates de la teoría de la gravitación, el flogisto no se resignaba a su propia inexistencia.

Lavoisier abrió el fuego: en 1786 publicó un artículo titulado «Reflexiones sobre el flogisto» en el que declaraba la guerra: «Si todo se explica en química de una forma satisfactoria sin recurrir al flogisto, basta para que sea infinitamente probable que este principio no exista; que sea un ente hipotético, una suposición gratuita: y, en efecto, es un principio de buena lógica el no multiplicar los entes sin necesidad. Quizás hubiera podido atenerme a estas pruebas negativas y contentarme con haber probado que los fenómenos se explican mejor sin flogisto que con flogisto: pero ya es hora de que me manifieste de un modo más preciso y más formal sobre una opinión que considero como un error funesto para la química y que creo que ha retardado considerablemente su progreso por la mala manera de filosofar que introdujo en ella».

Evidentemente, había aprendido mucho de Newton: buscaba un puñado de reglas simples y coherentes que explicaran el mundo basándose en axiomas mecanicistas y tendieran los rieles para la ciencia moderna que avanzaba como un torrente.

Por eso, a pesar de la oposición de titanes de la química como Priestley o Cavendish, cada vez más científicos abandonaron el flogisto, cuyos seguidores desaparecieron poco a poco, aunque hasta comienzos del xix se mantuvieron focos de resistencia tenaz, sobre todo en Alemania. El mismísimo Lamarck, que más tarde elaboraría la primera teoría coherente de la evolución, fue un gran defensor del flogisto. Un punto a favor de Lavoisier era la claridad de sus explicaciones, basadas fundamentalmente en el principio de conservación de la materia y en fórmulas relativamente simples. Pero lo más probable es que los argumentos de poco sirvieran para convencer. Porque, como decía el físico Max Planck, «una teoría científica nueva no triunfa convenciendo a sus adversarios y haciéndoles ver la luz, sino más bien porque sus opositores finalmente acaban muriéndose».

9. El fin de Lavoisier y el flogisto

Es tiempo de conducir a la química a una rigurosa manera de razonar.

ANTOINE-LAURENT LAVOISIER

El fin del flogisto señaló el comienzo de la química moderna en serio y su constitución como ciencia newtoniana. Lavoisier no se contentó con haber desvelado el secreto de la combustión: reformó completamente la nomenclatura química, que adquirió el aspecto actual, y en 1789 culminó su obra con su *Traité élémentaire de Chimie*. Al inicio de la Revolución participó en la comisión convocada en 1790 que establecería el sistema métrico decimal. Pero su pertenencia a la odiada Ferme Générale, que fue abolida en 1791, lo convirtió en sospechoso, por lo que tuvo que abandonar todos sus trabajos para el Estado.

Cuando comenzó el Terror, en 1793, se cerró la Academia de Ciencias y a finales de ese año un edicto ordenó la detención de todos los *fermiers*. El 8 de mayo de 1794 murió en la guillotina junto a sus colegas en la Place de la Révolution, la actual Place de la Concorde. Su cadáver fue lanzado a una fosa común.

Es famosa la frase que (dicen) pronunció Laplace: «Llevó unos segundos cortar esa cabeza y harán falta cien años para producir otra así».

Hace 400.000 años se habían encendido las hogueras del hombre de Pekín, iniciando una nueva época y planteando el misterio del fuego y la combustión. Ahora, el fuego y la fortaleza de la química habían caído en manos de la ciencia newtoniana.

Capítulo 4
LA TEORÍA DE LA EVOLUCIÓN

Charles Darwin

1. La casa está en orden

Mientras triunfaba la física de Newton, mientras Lavoisier, pacientemente y balanza en mano, demolía la teoría del flogisto y construía la nueva química, en el extenso campo que hoy llamamos biología y entonces se llamaba historia natural, se desarrollaba una sorda lucha que separaba a fijistas y transformistas, y que remataría en la teoría de la evolución. Es que las cosas son así: las ciudadelas van cayendo una tras otra y la construcción de una ciencia laica, descentrada del hombre, fue tarea de gigantes y de muchas generaciones. La historia natural no tenía aún el Copérnico, ni el «Newton de la brizna de hierba», que Kant reclamaría en la *Crítica del juicio*.

Desde el Renacimiento se habían ido acumulando miles de descripciones de plantas y animales de todas partes del mundo y antes de emprenderla con el universo era necesario nombrar a los planetas. Karl von Linneo (1707-1778), desde Suecia, fue probablemente el más exitoso de los tantos que intentaron poner orden en el caos de las clasificaciones. Mediante viajes propios y formando colecciones con los ejemplares que sus discípulos le enviaban desde todo el mundo, creó un sistema botánico: su *Systema Naturae*, que apareció en 1735 con 12 páginas, cuando llegó a su 13.ª edición, 30 años más tarde, tenía ya 1.500; para entonces Linneo era ya el *princeps botanicorum*. Basándose en un rasgo específico, los órganos reproductivos de las plantas, dividió el reino vegetal en 24 clases, a su vez divididas en órdenes, géneros y especies con nombres según el sistema binomial (que ya había sido propuesto, pero que Linneo generalizó). En él, que ha llegado hasta nuestros días, cada especie es designada por dos nombres, uno para la especie y otro para el género, como *Homo sapiens*, o *Canis familiaris*. Pero además, definió la unidad de análisis de toda la creación: la especie, fija, inmutable y tal como había sido al principio del mundo por un acto divino: «Hay tantas especies cuantas formas diversas fueron al principio creadas».

Su influencia fue enorme: no sólo sus discípulos, sino prácticamente todos los botánicos del siglo de la Ilustración le rindieron homenaje. La especie en tanto unidad de análisis y descripción, y la fijeza de la especie a través del tiempo se constituyeron en el paradigma de la historia natural.

Después de su muerte, el trono de la historia natural se trasladó a Francia y su monarca se llamó Georges Cuvier (1769-1832), que perfeccionó el sistema clasificatorio de Linneo. Hombre del iluminismo, trató de construir la historia natural como una ciencia mecanicista partiendo de la forma como el elemento esencial del ser vivo: «En pocos años no quedará probablemente ni uno de los átomos que constituye actualmente nuestro cuerpo, tan sólo la forma persiste y se multiplica transmitida por la misteriosa virtud de la reproducción, a una interminable serie de individuos».

Pero Cuvier hizo aún más: estableció la anatomía comparada y la paleontología como una ciencia autónoma basada en los principios mecánicos y el rigor newtoniano. Así como dos o tres observaciones permiten a los mecánicos celestes establecer la trayectoria de un astro, dos o tres datos, huesos o fragmentos de hueso permiten reconstruir una especie extinguida. Cuvier reconstruyó el aspecto del *Palaeotherium magnum*, un paquidermo del tamaño de un caballo, o el *Megatherium*, un perezoso del tamaño de un rinoceronte, desenterrado en 1787 en las barrancas del río Luján.

De paso, zanjó una vieja polémica sobre la naturaleza de los fósiles. Desde luego, ya nadie pensaba que los fósiles eran «juegos de la naturaleza», caprichosas formas parecidas a huesos, del mismo modo que las piedras a veces se asemejan a zapatos o sombreros:

ya hacía por lo menos un siglo que los fósiles habían sido aceptados (aunque con dudas) como los restos de especies ya inexistentes. Desde el otro lado del púlpito, por el contrario, no podían admitir que Dios hubiera creado especies que luego desaparecieron. ¿Para qué las había creado en primer lugar? Para ellos los fósiles de mamuts encontrados en Italia eran simples huesos de algunos elefantes muertos durante el paso de Aníbal por la península itálica. Cuvier terminó con el asunto.

Pero a pesar de ser el campeón de los fósiles, Cuvier, como Linneo, fue un firme partidario de la fijeza de las especies. Frente a la pregunta —nada trivial— de por qué ciertas especies habían desaparecido, respondía que el mundo era muy viejo y que si bien las mayoría de las condiciones para la vida habían sido homogéneas a lo largo de la historia, habían ocurrido fenómenos inusuales, catástrofes capaces de extinguir casi toda la vida sobre la Tierra: «Los que habitaban tierra firme cayeron víctimas de los diluvios; otros, que poblaban el seno de las aguas, quedaron en tierra seca cuando el fondo de los mares fue súbitamente levantado; incluso sus estirpes desaparecieron para siempre, dejando en el mundo sólo algunos restos apenas reconocibles por el naturalista...».

Salvo algunas regiones, de donde partieron las especies «salvadas», que habían logrado luego repoblar la Tierra. Para Cuvier, estas catástrofes formaban parte de los mecanismos naturales y, en principio, nada tenían que ver con decisiones divinas, pero no pocos vieron en ellas eventos relatados en la Biblia, como el diluvio universal. Sus sucesores, sin embargo, y como suele ocurrir con los epígonos, extendieron la teoría, añadiéndole tantas catástrofes como hicieran falta, del mismo modo que en su momento los astrónomos agregaban ruedas al sistema de Tolomeo. En 1850 Alcide D'Orbigny clasificó 18.000 especies fósiles y postuló 27 catástrofes universales, a las que seguía una nueva creación.

La autoridad de Cuvier era tan grande que la fijeza de las especies, catástrofes incluidas, se convirtió en el paradigma aceptado, a pesar de su escasa solidez, y le confirió la fuerza del sistema tolemaico en su enfrentamiento, a lo largo de un siglo, con una doctrina opuesta: el transformismo.

2. No todos están de acuerdo con la fijeza de las especies

Si se quiere, la línea transformista (la doctrina de que las especies no son fijas, sino que pueden variar) puede remontarse a la Antigüedad, ya que Anaximandro de Mileto (siglo VII a. C.) opinaba que la vida se había originado en el agua, del mismo modo que los seres terrestres procedían de los animales del mar. Durante la revolución científica, Francis Bacon sostenía en su *Nueva Atlántida* que experiencias futuras con las especies lograrían dilucidar cómo éstas se habían engendrado y modificado, y Leibniz sugirió también que las especies están sujetas a cambios. En Francia, Benoît de Maillet (1656-1738) ya había tratado de actualizar las ideas de Anaximandro, «haciendo descender» a las aves de los peces voladores, los leones de las focas y al hombre del tritón, compañero legendario de la sirena.

Es interesante establecer estas líneas de filiación, encontrar aparentes cadenas de pensamiento en la historia humana, pero hay que ser cuidadoso: todas ellas estaban basadas en una noción muy vaga de «especie». Considerar que estas ideas son el comienzo del evolucionismo sería como decir que los inventores de animales mixtos, como los centauros y los Pegaso, fueron precursores de la ingeniería genética. Pero cuando el concepto de especie queda fijado, de manera clara y definida, en los trabajos del siglo XVII, la idea de que esas especies pudieran variar representaba un paso audaz y exigía proponer algún mecanismo por el que semejante cosa podía llegar a ocurrir.

El transformismo del siglo XVII ya es otra cosa. En pleno iluminismo, George-Louis Leclerc, conde de Buffon (1707-1788), encargado de los jardines del rey en París, creó su propia y muy voluminosa enciclopedia de historia natural. Al contrario que Linneo, Leclerc sostenía una idea de universo en movimiento y cambio: aunque mantiene los arquetipos fijos (moldes internos), creados por Dios, se las arregla para incluir variaciones que se podrían interpretar como modificación de especies. Dicho sea de paso, su obra también se transformó en un clásico de la lengua francesa, más allá de intereses biológicos de los lectores.

En Inglaterra, Erasmus Darwin (1731-1802), un prestigioso médico y naturalista, autor de poemas didácticos, publicó en su *Zoonomía*, una hipótesis que partía de los espermatozoides como el elemento primero de la materia viva. «Si se tienen cuenta la esencial estructura de los animales de sangre caliente y los notables cambios que sufren en un pequeño período de tiempo, no parece temerario suponer que en el enorme intervalo transcurrido desde la creación del mundo, todos los animales de sangre caliente descendieron de un filamento vivo a quien la causa primaria había dotado de la facultad de adquirir nuevas partes.» Su nieto Charles resolvería la cuestión.

Geoffroy Saint-Hilaire (1772-1844), que había llamado a Cuvier a trabajar con él sin sospechar que su alumno dilecto sería más tarde su acérrimo enemigo, supone que todos los seres vivos son variaciones de una forma arquetípica. En realidad, ése era el punto de toque. Había dos maneras de interpretar la ya arraigada percepción general de la unidad estructural del mundo natural: un conjunto de especies cada una de las cuales respondía a su propio arquetipo, con un lugar fijo en la mente divina, que era la posición de los fijistas, como Linneo o Cuvier; o una forma arquetípica con variaciones más o menos importantes, que asimilaba las alas de los pájaros a los brazos humanos y establecía un sistema general de correspondencias. Del arquetipo único al arquetipo cambiante que se realizaba a través del tiempo había sólo un paso, que Geoffroy Saint-Hilaire franqueó: «Los animales que actualmente viven, descienden, por una serie de interrumpidas generaciones, de animales perdidos del mundo antediluviano».

El transformismo encajaba con los tiempos que corrían (el propio término de «evolución» ya había sido acuñado por Albrecht von Haller (1708-1777) para su teoría embriológica): el imaginario europeo se embarcaba en la doctrina del progreso y las ideas de cambio (y aun de cambio rápido) prevalecían sobre las de permanencia, duración y eternidad. En 1776 Adam Smith publicó *La riqueza de las naciones*, una teoría dinámica del sistema capitalista naciente, y en 1798 apareció el *Ensayo sobre el principio de la población* de Malthus que tanto inspiraría a Darwin. Por otro lado, la geología en expansión aportaba al transformismo el ingrediente esencial que le faltaba: tiempo.

Aunque nadie lo sabía aún, la doctrina de la fijeza de las especies había entrado en una fase terminal y, en ese sentido, las hipótesis catastrofistas fueron, ya de entrada, un anacronismo. El propio Linneo no pudo obviar la evidencia concreta y directa de que existían especies nuevas hechas por mano del hombre mediante la hibridación, y en sus últimos años sugirió que si bien las especies podían fluctuar efímeramente, los géneros serían eternos y fiel reflejo de pensamientos fijos en la mente de Dios. Pero las ideas transformistas eran intuiciones oscuras, pasos a tientas, ensoñaciones manifiestas, casi cuestión de creencia y opinión. Se percibía la necesidad de una reforma.

Linneo y Cuvier habían desempeñado el papel de Tycho Brahe, al establecer un método de observación preciso, inspirado en el mecanicismo newtoniano. Así las cosas, hacía falta que alguien redondeara una teoría coherente y reuniera en ella todas esas intuiciones básicas, del mismo modo que Copérnico había agrupado las ideas flotantes desde la Antigüedad sobre el heliocentrismo y les había conferido legalidad y estatus científico.

Y bueno. Una especie de Copérnico del transformismo fue Jean Baptiste de Lamarck (1744-1829), que fusionó todas aquellas ideas vagas en una teoría completa: transformó el transformismo en evolución.

3. Lamarck intenta revolucionar la historia natural y fracasa

Jean Baptiste Lamarck desarrolló buena parte de su carrera de naturalista como botánico, pero en 1794 debió encargarse del estudio de los invertebrados en el Musée d'Histoire Naturelle de París, que la Revolución había montado sobre el antiguo Jardin du Roi, y estableció una clasificación que le aseguró un lugar en la historia de la biología, palabra que, dicho sea de paso, él mismo inventó (al mismo tiempo que los médicos alemanes Treviranus y Burdach).

Transformista convencido, Lamarck optó por el arquetipo cambiante, y su versión de la evolución sostenía que en cada especie determinados animales podían ir cambiando sus características en su interacción con el medio. En 1809, en su *Filosofía Zoológica*, sostuvo que los seres vivos tendían a adaptarse mediante el abuso de algunas partes de su cuerpo y el descuido de otras, abuso y descuido que se transmitían a sus descendientes. Las partes inútiles se atrofiaban gradualmente, mientras las adaptativas se desarrollaban, y así, mediante la transmisión hereditaria y la acumulación, lentamente las especies se iban modificando. Los primeros y primitivos seres vivientes se habían originado por generación espontánea a partir de una especie de caldo inicial, y mediante ese mecanismo de adaptaciones, atrofias e hipertrofias habían dado lugar a la enorme variedad biológica actual.

El ejemplo favorito de Lamarck era el de un animal recién descubierto por los europeos: la jirafa. Un antílope primitivo, sostenía Lamarck, aficionado a comer hojas de árbol, estiró su cuello hacia arriba con toda su fuerza para alcanzar las máximas hojas posibles, y junto con su cuello también sus patas y su lengua. El estiramiento, así producido, se transmitió a sus hijos, que repitieron la operación, estirando patas, cuello y lengua más todavía. De esta manera, de generación en generación, las proporciones de aquel olvidado antílope se fueron modificando, hasta devenir toda una jirafa. Los cambios se iban profundizando durante siglos y los sucesivos desarrollos iban mejorando las especies, que mostraban, al final, la maravillosa adaptación que hoy vemos.

La hipótesis era atractiva, qué duda cabe, pero tropezó, sin embargo, con un obstáculo insalvable: los caracteres adquiridos no se heredan. Por más que una jirafa estire su cuello, su prole no heredará el estiramiento, del mismo modo que si se le corta la cola a un ratón, sus hijos no nacerán sin cola. De hecho, Cuvier cortó la cola a generaciones de ratones pero ninguno nació descolado, y probó así, alegremente (alegremente para él, no para los ratones), que la herencia de los caracteres adquiridos no pasaba la prueba empírica. Intuitiva como era, la teoría lamarckiana no explicaba la evolución de las especies.

De cualquier manera Lamarck y sus seguidores tampoco habían realizado demasiados estudios concretos que dieran cuenta de los mecanismos por los que los ambientes permiten este proceso de mejora de la especie, no examinaron fósiles y tampoco prestaron atención a la biogeografía como para darle sostén empírico.

La teoría de la evolución de Lamarck no tuvo suerte, o por lo menos no tuvo la suerte que habría merecido, en gran parte debido a la dictadura que entonces Cuvier y su dogma de la fijeza de las especies ejercían sobre la historia natural. Pero Cuvier, al fin y al cabo, había hecho hincapié para combatirla en el punto que verdaderamente no funcionaba y refutaba la teoría: los caracteres adquiridos no se heredan. Cuando Lamarck murió a los 95 años, casi olvidado, Cuvier lo ensalzó en su elogio fúnebre como botánico y taxonomista, pero ni siquiera mencionó la teoría de la evolución.

En verdad, la pionera teoría de Lamarck no servía, y obviamente, el mecanismo de la evolución tenía que ser otro, pero la evolución de las especies ocultaba celosamente su motor.

Y así fueron las cosas: el mismo año en que se publicaba la *Filosofía Zoológica*, nacía en Inglaterra Charles Darwin.

4. Darwin emprende un viaje alrededor del mundo

Podemos comprender, hasta cierto punto, por qué hay tanta belleza por toda la naturaleza, pues esto puede atribuirse, en gran parte, a la acción de la selección natural.

CHARLES DARWIN,
El origen de las especies

Charles Darwin (1809-1882) no estaba destinado a ser naturalista, sino médico, como su padre y su abuelo Erasmus. A los 16 años fue a estudiar a Edimburgo, donde, abrumado por las cirugías, permaneció sólo dos años, aunque tuvo oportunidad de relacionarse con geólogos y biólogos. Ante su falta de capacidad médica, fue enviado a estudiar religión a Cambridge, donde también se vinculó con los círculos científicos.

Pero la vida del futuro héroe de la biología dio un vuelco cuando, en 1831, le ofrecieron el puesto de naturalista del *Beagle*, barco real británico, que recorrería los mares del mundo. Retrospectivamente, se puede decir que ése fue el trayecto más importante de la biología.

No fue un viaje corto, ni un viajecito de placer: la expedición duró cinco años. Entre los mareos que le provocaba el viaje y los intensos momentos que vivía en tierra firme, tuvo tiempo de leer los *Principios de geología* de Lyell, donde el gran geólogo sostenía el uniformitarianismo, esto es, la idea de que los cambios en la superficie terrestre son resultado de procesos geológicos en larguísimos períodos. Darwin, que había partido de Inglaterra convencido, por acción u omisión, de la fijeza de las especies, encontró algunas de éstas muy próximas y ligeramente diferentes que parecían responder a presiones ambientales: en el archipiélago de las Galápagos pudo ver las diferencias entre los pájaros pinzones que habitaban cada isla y que respondían, por ejemplo, a necesidades alimenticias; en cada una los pinzones tenían picos ligeramente distintos que les permitían comer con más facilidad las semillas de los árboles propios de las islas que habitaban. A pesar de su formación religiosa, Darwin ya no podía creer que Dios se hubiera tomado el trabajo de crear tantas especies tan parecidas de un tipo de pájaros. ¿Para qué?

5. Después de 20 años, Darwin se da prisa en publicar El origen de las especies

Cuando regresó, en 1836, ya tenía cierta reputación, ganada gracias a las cartas que enviaba regularmente a Inglaterra contando sus observaciones. Rápidamente se ganó una posición en la comunidad científica y se dedicó a escribir libros, folletos y su diario de viaje, que resumía sus experiencias en el *Beagle*. Mientras tanto comenzó a agrupar sus notas en busca de una respuesta al «problema de las especies». El viaje lo había llevado a creer cada vez menos en el fijismo y más en la posibilidad de que se produjeran cambios graduales en las especies por acción del ambiente.

También sabía, obviamente, de la selección artificial que los humanos hacen de plantas y animales, eligiendo y reproduciendo aquellos que mejor cumplen los objetivos de uso. Habló extensamente con criadores que le explicaron cómo, mediante cruzas, conseguían acumular los rasgos más deseables en sus animales: velocidad en algunos caballos, fuerza en otros. «El hombre no puede crear variedades ni impedir su aparición; puede únicamente conservar y acumular aquellas que aparezcan.»

Pero, ¿qué ocurría cuando no había intervención humana? Evidentemente, la naturaleza debía resultar determinante a la hora de seleccionar algunos rasgos y no otros, aunque no podía hacer nada para que «apareciera» tal o cual rasgo. ¿Qué mecanismo tenía en la naturaleza el papel del criador y se constituía en el motor del cambio? Ése era el asunto. Y en eso estaba cuando, en 1838, leyó el libro de Thomas Malthus (1766-1834) titulado *Ensayo sobre el principio de la población* y su análisis de la competencia por sobrevivir que se da en la sociedad humana: «...La población, si no se pone obstáculos a su crecimiento, aumenta en progresión geométrica, en tanto que los alimentos necesarios al hombre lo hacen en progresión aritmética».

Malthus sostenía que el único límite para el crecimiento de la población estaba dado por el ambiente y la cantidad de alimentos, que crecían más despacio que aquélla y que obligaría a los hombres a competir tenazmente por ellos: sólo algunos sobrevivirían. Este enunciado, poco serio (ya que ninguna de las progresiones de Malthus puede ser atestiguada), ayudó a Darwin a dar con la clave del mecanismo evolutivo: la selección natural.

«De cada especie y en cada generación, nacen muchos más ejemplares de los que el medio ambiente puede sostener; solamente una fracción sobrevive a la lucha por la existencia y llega a poder reproducirse. Como nacen más individuos de los que pueden sobrevivir, y parte de éstos deben desaparecer, en cada caso hay una lucha por la existencia, ya sea entre individuos de la misma especie, con los de otra o con las condiciones de vida.»

Ahora bien, cada camada presenta variaciones naturales: habrá ejemplares más y menos fuertes, con un color más y menos propicio al mimetismo, más y menos ágiles, con mayor o menor capacidad alimenticia o con mayor capacidad de huir de sus predadores.

«Hay también muchas diferencias ligeras, como las que se observan en distintos descendientes de los mismos padres, y a las que llamaremos diferencias individuales. Estas diferencias son de gran importancia, ya que aportan material sobre el cual actúa acumulativamente la selección natural, tal como el hombre acumula, en una dirección determinada, las diferencias individuales de las especies domésticas.»

«Pero cada uno de estos cambios es tan pequeño, y su acumulación tarda tanto tiempo, que no alcanzamos a apreciarlo; y cuando observamos las transformaciones producidas a lo largo de los períodos geológicos sólo vemos que las formas orgánicas actuales son muy diferentes de las antiguas.»

Aquellos de carácter más adaptativo tendrán mejores posibilidades de llegar a reproducirse y, como el carácter no es adquirido sino natural, lo transmitirán a sus descendientes. En sucesivas generaciones, la selección actuará una y otra vez en favor de ese rasgo, que tenderá a hacerse predominante. Y así, estos caracteres diferenciados, cuando se acumulan, a través de las eras, terminan por dar lugar a una nueva especie. No es que el antílope de Lamarck estirara su cuello hasta convertirse en jirafa, es que —por continuar con el ejemplo— aquellos antílopes que, debido a las variaciones naturales, tenían el cuello un poco más largo, podían alimentarse mejor, tenían en consecuencia más oportunidades de procrear una descendencia que, como se trataba de un rasgo natural —y no adquirido por estiramiento—, nacería con cuellos más largos.

«Debido a la lucha por la existencia, la más pequeña variación, si es de alguna manera favorable a los individuos de una especie, ayudará a la conservación de los mismos y será, en general, heredada por sus descendientes. Éstos, a su vez, tendrán mejores posibilidades de seguir con vida, pues de los muchos individuos de una especie que nacen, sólo un pequeño número puede sobrevivir.»

La operación, repetida al compás de las generaciones, iría lentamente favoreciendo la reproducción de los que tuvieran cuellos más largos hasta dar, mucho después, una jirafa. No era la naturaleza presionando para que los individuos cambiaran, ni los individuos esforzándose por adaptarse a la naturaleza, como proponía Lamarck, sino al revés: se producía alguna variación en algún individuo y, si esta variación respondía mejor a una presión ambiental (por ejemplo, un pico de pájaro que se adaptaba mejor para comer una fruta, o una jirafa que naturalmente tenía el cuello más largo y, por lo tanto, no tenía competencia a la hora de comer las hojas más altas de un árbol), este individuo tendría más posibilidades de sobrevivir y, por lo tanto, de reproducirse.

Y aquellas especies que no evolucionan al compás del medio se extinguen.

«Cuando una especie se extingue no reaparece jamás, ni siquiera si vuelven las mismas condiciones de vida, ya que al perderse la especie madre las formas que pudieran desarrollarse por acumulación de pequeñas variedades presentarían, sin duda, algunas diferencias.»

«Según la teoría de la selección natural la extinción de formas viejas y la aparición de otras nuevas están estrechamente vinculadas. La antigua idea de que todos los seres que poblaban la tierra habían sido aniquilados por catástrofes sucesivas ha sido abandonada. Opinamos ahora que las especies y grupos de especies desaparecen gradualmente, unos tras otros, primero de un sitio, luego de otro y, por fin, del mundo.»

Como Copérnico, como Newton, Darwin tenía todos los datos básicos para exponer su teoría, pero no se atrevía a darlos a conocer y seguía dándoles vueltas. Finalmente, en 1842 publicó un boceto y en 1844 un ensayo más amplio, que estaba pensado para publicación sólo si él moría. A fines de la década de 1850 empezó a preparar un libro de varios volúmenes.

Pero tuvo que darse prisa: en 1858 recibió un trabajo que delineaba un concepto similar al suyo de selección natural, desarrollado por Alfred Russel Wallace (1823-1913). Wallace se ganaba la vida coleccionando animales raros, para lo que había viajado mucho. Él también había recibido la influencia de las ideas de Lyell y Malthus y también avanzaba hacia la idea de selección natural, aunque, como Wallace, no se interesaba en la reproducción animal, no utilizó como ejemplo la selección artificial y se basó más en subespecies que en individuos de características particulares dentro de una misma especie; sobre esta idea escribió en 1858 a Darwin, conocido por su interés en el tema, preguntando su opinión.

Darwin había trabajado en lo suyo durante años y no estaba dispuesto a perder la prioridad de su gran teoría. Por recomendación del propio Lyell publicó al mismo tiempo que Wallace su propio trabajo en una revista científica. Hay que decir que entre ellos no se generó una típica competencia académica por la prioridad, sino que resolvieron las cosas como caballeros.

Y finalmente, llegó el gran libro: el 24 de noviembre de 1859 salió a la venta la primera edición de *El origen de las especies* con todos los detalles de la teoría y en cuyo prólogo Darwin reconocía que la motivación para publicar el libro había sido especialmente «el que Wallace ... ha llegado casi exactamente a las mismas conclusiones generales que he llegado yo sobre el origen de las especies».

La primera edición, de 1.250 ejemplares, se agotó ese mismo día y lo mismo ocurrió con la segunda edición, de 3.000. No estaba nada mal para una obra científica en tiempos en que un *best seller* llegaba a vender 30.000 o 40.000 ejemplares.

El origen de las especies es muy claro y honesto en cuanto a la fuerza de la teoría y las dudas del autor y es, en sí mismo, una gran obra de divulgación científica. Resulta interesante que Darwin no usó la palabra «evolución» sino otras expresiones como «descendencia con modificación» y «selección natural» que luego fueron resumidas con el término que utilizamos hoy. En 1889, después de la muerte de Darwin, Wallace publicaría un libro titulado *Darwinismo* en el que rendía honor a la gran labor de su colega y amigo.

En su segundo libro, *El origen del hombre y la selección con relación al sexo*, Darwin expandió la evolución para incluir cuestiones morales y psicológicas. Ya fuera por miedo, por cautela o por falta de convicción, no se refirió en ninguna parte específicamente al hombre como descendiente de los monos, sino que le dejó ese campo a uno de sus más fervorosos apologistas, Thomas Huxley (1825-1895), abuelo del escritor Aldous.

Huxley llevó las conclusiones de la teoría de la evolución más lejos que el propio Darwin y, en 1863, publicó un libro bajo el título de *La evidencia del lugar del hombre en la naturaleza*, en el que aseguraba que en «...cualquier grupo de órganos que se estudiara ...

las diferencias estructurales que separan al hombre del gorila y del chimpancé no son tan grandes como las que separan al gorila de los monos más simples».

Horrorizó a la sociedad de la época. Esos dignos caballeros y damas victorianas que se consideraban el centro del mundo (un poco como los norteamericanos de hoy) no aceptaban fácilmente estar emparentados con los monos.

Pero lo cierto es que del mismo modo que Copérnico había descentrado a la Tierra del centro del universo, Darwin descentraba al hombre del centro de la biología, y destruía la idea de su especificidad, presentándolo como el resultado de una fuerza ciega, la selección natural que actuaba sin objetivos ni propósitos.

Darwin fue cauto con la cuestión religiosa: «Hay magnificencia en esta concepción de que la vida, con sus variadas posibilidades, fue alentada originariamente por Dios en unas pocas formas o en una sola, y que, mientras la Tierra giraba según la ley de gravitación, desde un comienzo tan sencillo se propagaron y desarrollaron formas infinitas, cada vez más hermosas y deslumbrantes».

A pesar de eso, contó con la oposición de la Iglesia anglicana. Cuando Thomas Huxley defendió frente al obispo de Oxford la teoría de la evolución y éste le preguntó si él descendía del mono por parte de madre o de padre, respondió con británica y darwiniana flema: «Preferiría descender del mono por ambas partes y no tener el minúsculo cerebro de quien formuló la pregunta».

Sin embargo, cuando Darwin murió, en 1882, fue enterrado con todos los honores en la abadía de Westminster, cerca de la tumba de Newton.

6. A la teoría de la evolución le faltaba algo

Aunque es mucho lo que permanece oscuro, no puedo abrigar la menor duda de que el punto de vista que hasta hace poco sostenían la mayoría de los naturalistas, y que yo mantuve anteriormente, a saber, que cada especie ha sido creada de manera independiente, es erróneo. Estoy convencido de que las especies no son inmutables, sino que las que pertenecen a lo que se llama el mismo género son descen-

*dientes directos de alguna otra especie generalmente extinguida, de
la misma manera en que las variedades reconocidas de una especie
cualquiera son descendientes de esta especie.*

CHARLES DARWIN

El origen de las especies tuvo el impacto de los *Principia* de Newton
y terminaría por convertirse en el eje de la biología. Pero la teoría de
la evolución de 1859 tenía sus dificultades: ¿por qué hay especies
tan definidas y faltan los numerosos pasos intermedios que deberían existir entre unas y otras? ¿Es posible que haya rasgos que no
representen ninguna ventaja adaptativa? ¿Cómo surgen los instin-
tos en la evolución? ¿Por qué los descendientes de especies cruza-
das son estériles? Darwin ensayó respuestas razonables y muchas
veces provisionales, pero en realidad el gran problema es que no
contaba con una teoría de la herencia que permitiera redondear las
cosas y explicar cómo se difundían los caracteres seleccionados
dentro de las poblaciones. Era una dificultad seria, pero allí no había nada que hacer.

«Las leyes que gobiernan la herencia son desconocidas. Nadie
puede decir por qué algunas características se heredan a veces y a
veces no; por qué un individuo se parece en ocasiones a sus abuelos
o a antepasados aún más remotos, ni por qué algunas peculiarida-
des se transmiten a los descendientes de ambos sexos y otras sólo a
los de un sexo.»

Si Darwin hubiera leído este libro, se habría enterado de que en
esos mismos momentos, en medio del silencio de un monasterio
austríaco, un monje llamado Gregor Mendel (1822-1884) publicaba
buena parte de la solución a este problema. Pero prácticamente nadie lo leería hasta el siglo siguiente, cuando comenzara a desarrollarse la teoría genética.

La polémica que levantó el darwinismo fue tan intensa como la
que derivó de la teoría heliocéntrica, y todos los biólogos se sintie-
ron obligados a tomar partido. Pero los defectos impedían su vic-
toria completa: a finales del siglo XIX y comienzos del XX, aunque
ningún científico dudaba de que, efectivamente, había habido
evolución de las especies, la teoría darwinista de la evolución era
tratada como una hipótesis más. Con el desarrollo de la teoría cro-

mosómica que explica la herencia y los cambios y la genética en general, hacia la década de 1930 se elaboró la gran síntesis neodarwiniana que dio al evolucionismo por selección natural una solidez absolutamente indiscutible.

7. Pero no para todos

El golpe propinado por Darwin al orgullo humano, si se quiere, fue más violento que el de Copérnico: le quitó el lugar de protagonista de la creación, amo y señor de la naturaleza, para convertirlo en un accidente más en la historia de la biología. Era difícil de aceptar y no fue aceptado sin más. En la década de 1920, en los Estados Unidos, una ley del estado de Tennessee prohibió enseñarla: «La teoría darwiniana será ilegal para todo profesor, en cualquiera de las universidades, colegios normales y otras escuelas públicas del Estado». Tres estados más se adhirieron a la prohibición, y a raíz de ella se desarrolló un sonado juicio que atrajo la atención de todos los Estados Unidos y que fue bautizado como «el juicio del mono».

En 1925, un maestro de Tennessee, John Thomas Scopes, joven profesor de biología, decidió desafiar públicamente la prohibición y enseñó la teoría de la evolución en su escuela, lo cual le valió la cárcel y el sometimiento a juicio, tal como estaba estipulado. Lo defendió Clarence Darrow, un célebre abogado criminalista norteamericano y, como era previsible, el juicio se convirtió en una discusión que fluctuaba entre la biología, la teología y la interpretación literal de la Biblia, y a pesar de la habilidad del defensor, Scopes fue declarado culpable y multado con cien dólares. La historia fue llevada al teatro (y luego al cine) con el título de *Heredarás el viento*.

El asunto no terminó allí: a partir de la década de 1980, corrientes fundamentalistas norteamericanas volvieron a insistir para que la evolución se enseñara como «una opción más» frente al relato bíblico. La última variante de estas posturas es la del «diseño inteligente», que acepta la evolución de los animales más grandes, pero que niega rotundamente la posibilidad de que los animales muy simples hayan evolucionado sin una «mente superior» que los diseñara. Al parecer, la ciencia newtoniana no es fácil de aceptar por todo el mundo.

8. Una confusión sobre la supervivencia del más apto

Darwin era consciente de que la expresión «selección natural» que utilizaba para describir este proceso invitaba a la confusión, ya que «seleccionar» parece un acto volitivo, de la voluntad. Sin embargo, aunque reconoció que no podía encontrar uno mejor, se ocupó de aclarar posibles dudas: «Se ha dicho que yo hablo de la selección natural como de una potencia activa o una divinidad, pero ¿quién hace cargos a un autor que habla de la atracción de los planetas?».

Y que no es una fuerza que actúe con propósito alguno, ni en determinada dirección: «La selección natural no produce los cambios, como han entendido ciertos autores; sólo implica la conservación de las variaciones que aparecen y que resultan beneficiosas para los seres orgánicos en su adaptación a las condiciones de vida».

Ni los rasgos seleccionados «positivamente» están ligados a valores «positivos» si no es en relación con un determinado y transitorio ambiente: la velocidad, el tamaño, la vista o incluso la inteligencia pueden ser positivos, negativos o neutros en un medio siempre cambiante, y sólo se manifiestan como tales a lo largo de millones de años. La selección natural únicamente conserva los rasgos adaptativos, es una fuerza ciega y puramente material.

Por supuesto, la tentación de usarla en cuestiones sociales fue inmediata, y así lo hizo la corriente del darwinismo social, al aplicar la lógica de la evolución a la sociedad, argumentando que las personas y los grupos están sujetos a las mismas leyes de selección natural que había descrito Charles Darwin. De esta manera, por ejemplo, la dominación de un pueblo por otro era entendida como un mero reflejo de una supremacía «natural» legitimada por la ciencia positiva.

Uno de los representantes más conocidos del darwinismo social fue Herbert Spencer (1820-1903), que acuñó el concepto de «supervivencia del más apto». Spencer pensó la sociedad como un organismo vivo en el que eran válidas las leyes biológicas. Así, el individualismo y la competencia son las claves para entender a la sociedad que tiende a mejorar inevitablemente, de la misma manera que las especies —supuestamente— mejoran gracias a la evolución. Con una definición del más apto muy alejada de la ciencia darwiniana y sirviéndose de períodos de tiempo que nada tienen que ver con la biología, pero era de esperar que el capitalismo triunfante, todavía con grandes resabios de la Revolución Industrial, la utilizara.

La derivación más terrible del darwinismo social, sin embargo, fue la eugenesia inventada por el antropólogo británico Frances Galton (1822-1911), primo de Darwin, que creó el término a partir del griego *eugenes* que significa «dotado por la herencia de la cualidad de los nobles». La idea de Galton era que los rasgos mentales y físicos son hereditarios y, por lo tanto, debería cruzarse a los mejores para generar una raza de seres superiores. Se produjeron prácticas eugenésicas durante la primera mitad del siglo xx en muchos países «insospechables», y las teorías y horrores raciales de los nazis están vinculados a ellas.

9. La teoría de la evolución no es sólo una pieza más del mecanismo newtoniano

La teoría de la evolución integra, finalmente, a la biología dentro del universo de las disciplinas newtonianas, y la selección natural se transforma en el principal mecanismo que describe la historia de la vida. El mundo orgánico, así, tiene una historia que puede ser descrita, analizada y contrastada.

Y aunque en ese sentido la teoría de Darwin es plenamente clásica, la selección natural, esa fuerza ciega sobre la que casi nada se puede decir y que sólo permite explicaciones *ex post* (después de los hechos), no es completa ni enteramente newtoniana, ya que incluye el azar y una cuota de impredecibilidad. Ni siquiera es estrictamente una «ley» en el sentido newtoniano, sino la resultante de infinidad de procesos empíricos, y no permite hacer predicciones ni emitir juicios de valor.

De algún modo, dentro de la teoría de la evolución estaban ya en germen algunos aspectos que luego eclosionarían y revolucionarían la ciencia de finales del siglo xix y el siglo xx.

PARTE II

De la teoría atómica al Big Bang

Capítulo 5
LA TEORÍA ATÓMICA
Y LA ESTRUCTURA DE LA MATERIA

Ernest Rutherford

Sólo existen los átomos y el espacio vacío. Todo lo demás es opinión.

DEMÓCRITO DE ABDERA

1. La respuesta de Demócrito

Lavoisier completó su revolución en la química sin pronunciarse sobre la estructura profunda de la materia, una cuestión que consideraba fuera del alcance y las obligaciones de una ciencia newtoniana.

Sin embargo, ya cinco siglos antes de Cristo (y más de veinte antes de Lavoisier) los filósofos griegos sí se la habían formulado, y hasta habían ensayado alguna respuesta. Dos respuestas distintas y opuestas, en realidad. Por un lado, Leucipo de Mileto (480 a. C.-420 a. C.) y Demócrito de Abdera (*c.* 460 a. C.-370 a. C.) sostuvieron que todo lo que existe está compuesto por «átomos», minúsculas partículas indivisibles, «sin partes» (eso es lo que significa precisamente *a-tomo* en griego: *a*, «sin», y *tomo*, «parte»). Si un cuchillo penetra la materia, razonaba Demócrito, es porque en ella hay vacíos, intersticios naturales por donde abre el cuchillo su camino separando a los átomos; si no existieran esos intersticios, el cuchillo jamás podría penetrar. Así, concluía, cada sustancia no es más que un conjunto de átomos, pequeñas partículas macizas, indivisibles y específicas de esa sustancia. Hay infinitos átomos que, gracias a sus formas complementarias, pueden combinarse dando todas las demás. Aunque invisibles, los percibimos por sus propiedades secundarias: por ejemplo, aquellas sustancias con átomos redondeados acarician la lengua (y tienen gusto agradable), mientras que las que están formadas por átomos rugosos resultan ácidas e irritantes.

Los átomos de Demócrito eran invisibles, pero nada abstractos o teóricos, sino perfectamente reales. Y aunque no pudiera haber evidencia empírica sobre su existencia, para los atomistas eran una realidad contundente.

agua   hierro

Muy distinta fue la respuesta de Aristóteles, que se opuso al atomismo de la escuela de Abdera y lo criticó duramente: sostuvo que la materia podía dividirse indefinidamente. Y era coherente, porque Aristóteles negaba radicalmente la posibilidad del vacío y, por lo tanto, también la existencia de los átomos, ya que entre éstos no podía haber sino espacio vacío. Además, argumentaba, si los átomos tenían volumen, por pequeño que éste fuera, ¿por qué no se iban a poder dividir? Bastaría con tener un instrumento suficientemente fino. El argumento era más que razonable.

Pero la cuestión es que, como la controversia era imposible de resolver experimentalmente, ambas posiciones (o creencias) se mantuvieron en equilibrio a lo largo de los siglos. A pesar de la enorme autoridad de Aristóteles, un atomismo larvado empujaba a los alquimistas: Galileo, Newton y los hombres de la revolución científica en general fueron atomistas, y los físicos del siglo XVIII, que se interesaron por los gases tendían a pensarlos como conjuntos de partículas, imaginando que la presión sobre las paredes de una caja se debía al golpeteo simultáneo de grandes cantidades de átomos. Por el contrario, Descartes y los cartesianos sostuvieron la continuidad e infinita indivisibilidad de la materia, que Descartes identificaba con el espacio mismo.

Así las cosas, cuando en el año 1771 se publicó la primera edición de la *Enciclopedia Británica* la palabra «átomo» se describía de acuerdo con la definición de Demócrito: «En filosofía *(sic)*, una partícula de materia tan pequeña que no admite división. Los átomos son la *minima naturae* (los cuerpos más pequeños) y se conciben como los primeros principios de toda magnitud física». Por lo tanto, no se había avanzado nada y los átomos seguían siendo tan especulativos como siempre. El mismo Lavoisier, como se dijo antes, consideró que intentar contestar la gran pregunta de Demócrito era internarse en el terreno metafísico que había contribuido a destruir: «[respecto de] esos simples e indivisibles átomos de los cuales toda la materia está compuesta, es muy probable que nunca sepamos nada sobre ellos».

Es decir, se trataba de una especie de programa negativo, que hablaba de lo que nunca se podría hacer. Esto siempre es peligroso. Y en este caso, justamente, los átomos químicos estaban a punto de entrar en escena.

2. Un señor que confundía los colores

Tal vez no haya que culpar demasiado a Lavoisier por no haber redondeado «del todo» su revolución: al fin y al cabo, la Revolución Francesa se encargó de cortarle la cabeza antes de que pudiera intentarlo. Bastante hizo, de todos modos, pero lo cierto es que la tarea quedó en manos de John Dalton (1766-1844), que le dio rango constitucional y cuantitativo, a la vez que ofrecía un contenido empírico a la gran intuición de Demócrito sobre la estructura de la realidad.

Dalton nació en la pequeña localidad inglesa de Eaglesfield, pero en 1793 se trasladó a Manchester, donde habría de vivir el resto de su vida y donde regularmente presentó trabajos ante la Literary and Philosophical Society, que presidió a partir de 1817. El primero trataba de «la ceguera ante los colores», enfermedad que él mismo padecía y que desde entonces tomó el nombre de daltonismo.

Hacia el 1800, Dalton venía reflexionando sobre el hecho —bien conocido— de que si un compuesto contenía dos elementos en la proporción de 4 a 1, siempre iba a ser 4 a 1 exactamente y nunca 9 a 1 o 4 a 2. Esto es, en proporciones fijas sin importar qué cantidad de ese compuesto se tenga. En el agua, por ejemplo, la proporción del peso entre O y H siempre es de 16:2, al margen de que se trate de una gota o de un océano. Además, son proporciones que involucran números enteros. Joseph-Louis Proust (1754-1826) pudo demostrarlo pesando los compuestos cuidadosamente.

La cuestión es que Dalton llegó a la conclusión de que este fenómeno era una buena prueba de la existencia de los átomos de Demócrito: se entiende fácilmente al suponer que cada elemento está formado por partículas indivisibles. Es que si la partícula de un elemento pesa cuatro veces más que la partícula de otro y el compuesto se forma al unir una partícula de cada uno, las relaciones de peso serán justamente esas, 4:1, y ninguna otra. Para elaborar una teoría científica de los átomos Dalton usó esta ley de las proporciones simples y también la ley de las proporciones múltiples en las que un elemento se combina en dos proporciones definidas, por ejemplo, el carbono, que puede hacerlo con una parte de oxígeno, y da monóxido —CO—, o dos, y da dióxido de carbono —CO_2—.

Y así fue como, en 1808, Dalton dio a conocer estas ideas en su *Nuevo sistema de filosofía química*, basándose en un nutrido aporte de hechos experimentales y cuatro supuestos:

1. Toda la materia está compuesta de átomos sólidos, indivisibles y completamente homogéneos, es decir, sin huecos en su interior.

2. Los átomos son indestructibles y preservan su identidad en todas las reacciones químicas: no pueden descomponerse para formar otros átomos. Las reacciones químicas implican un cambio en la distribución de esos átomos: las cenizas que quedan después de la combustión y los gases que se liberan son de la misma materia que había al comienzo, pero reorganizada.

3. Hay tantas clases de átomos como elementos químicos: a

cada elemento químico corresponde un tipo de átomo definido y específico y, por supuesto, no es posible transmutar un átomo en otro distinto.

Hasta aquí, seguía los pasos de Demócrito (salvo en el hecho de que para Demócrito había infinitas clases de átomos), pero el cuarto supuesto iba más lejos:

4. Cada átomo está asociado con una magnitud propia que lo caracteriza: el peso atómico.

Con este supuesto, Dalton daba a los átomos entidad científica, ya que el peso atómico se podía medir y, de paso, permitía cuantificar completamente la química, y ahí, justamente ahí, estaba el asunto. Calculó los pesos atómicos de los elementos definidos por Lavoisier (tomando como unidad el peso del hidrógeno) y sentó firmemente la nueva teoría, que fue aceptada por la mayoría de los químicos, sorprendentemente, con muy poca oposición. Con Dalton, la química se hizo atomista y aunque las discusiones subsistieron, especialmente con relación a si los átomos eran «reales» o no, ya no habría marcha atrás: aunque los átomos aún no se podían ver, ahora por lo menos se podían pesar, y pasaban definitivamente, pues, del terreno de la filosofía al de la química.

Los átomos, además, se combinaban en «átomos compuestos» (en terminología actual, moléculas) y parecían resolver el problema de la estructura de la materia. Eran como los de Demócrito, macizos, y así habrían de perdurar; sólo a comienzos del siglo XX, cada uno de los presupuestos de Dalton empezó a ser demolido por nuevos y asombrosos descubrimientos.

Dalton era cuáquero y sus principios no le permitieron admitir ninguna forma de gloria, pero el éxito de su teoría atómica crecía y su fama también: empezaron a lloverle honores de las sociedades científicas extranjeras. Su entierro, en 1844, estuvo muy lejos de su deseada intimidad, ya que le despidieron más de 40.000 personas.

3. Mendeleiev clasifica los elementos

Todo lo que se puede decir del número y la naturaleza de los elementos está, en mi opinión, confinado a discusiones de tipo puramente metafísico.

ANTOINE-LAURENT LAVOISIER

La teoría atómica tuvo una inmediata aceptación, aunque los químicos siguieron discutiendo sobre la «realidad» de los átomos: ¿eran objetos verdaderos, contantes y sonantes, o simples «ficciones útiles»? ¿Y las moléculas? ¿Existían o eran puramente teóricas? El joven Kekulé, que años más tarde descifraría la estructura del benceno, dirigió un congreso en Karlsruhe (1860) al que acudieron los grandes químicos de Europa. Aunque no sirvió para resolver demasiado, ese congreso marcó una época, porque todos quienes asistieron tomaron conciencia de estar trabajando en un terreno y con un programa común.

La existencia de átomos y moléculas no era, por cierto, la única incógnita: también era desconcertante la proliferación de los elementos. ¿Podía ser que el mundo se edificara a partir de 50 elementos químicos? ¿No eran demasiadas 50 sustancias elementales?¿No tenía que haber un orden subyacente? Los químicos venían trabajando el tema y buscando regularidades: ya William Prout (1785-1850) había sugerido —visionaria intuición— que los átomos de todos los elementos eran agregados de átomos de hidrógeno (lo que se conoció como la «hipótesis de Prout») y John Newlands (1837-1898) estuvo a un tris de encontrar una estructura, pero Dimitri Mendeleiev (1834-1907) se le adelantó, y en mayo de 1869 anunció ante la Sociedad Rusa de Química que «los elementos, ubicados de acuerdo a los pesos atómicos presentan una clara periodicidad de propiedades» y exhibió una tabla que, con más o menos cambios, hoy se conoce como la tabla periódica de Mendeleiev, en la cual los elementos, ordenados por pesos atómicos, se ubican de tal manera que los que tienen aproximadamente las mismas propiedades, como el cloro, el yodo y el bromo, o el cobre, la plata y el oro, se sitúan en una misma columna.

En realidad, Mendeleiev le ganó de mano a Newlands porque

fue más audaz: cuando algo no encajaba, supuso que los pesos atómicos estaban mal medidos y los corrigió para que los elementos estuvieran correctamente ubicados. Y cuando aparecía una casilla vacía, la dejaba en blanco, esperando que se llenara a su debido tiempo. Incluso describió el elemento correspondiente a tres casillas vacías, que se fueron llenando: en 1875, el galio; en 1879, el escandio, y en 1886, el germanio. Fue una hazaña impresionante: el cumplimiento de estas «predicciones químicas» tuvo una enorme repercusión y contribuyó a que la tabla periódica se impusiera universalmente. De repente, había nacido un orden en las sustancias elementales, aunque nadie fuera capaz de explicar por qué, un problema que quedaría pendiente.

Los átomos de Dalton y la tabla periódica de Mendeleiev parecían cerrar el gran capítulo clásico inaugurado por Lavoisier, con las preguntas básicas de la química contestadas.

Y en cierta manera era verdad, porque la iniciativa había pasado a manos de los físicos.

4. Los físicos juegan con los tubos de vacío

Y es que mientras los químicos se entretenían con la tabla periódica y discutían sobre la «realidad» de los átomos y las moléculas, los físicos estudiaban los efectos de la electricidad al hacerla atravesar por un tubo de vacío: en el electrodo positivo (ánodo) aparecía un resplandor verdoso; era lógico pensar que se debía a algún tipo de radiación que salía del cátodo (electrodo negativo), y a la que, previsiblemente, se llamó «radiación catódica».

Lo que no estaba nada claro era la naturaleza de esos rayos catódicos, lo que generó una verdadera controversia: había quienes los consideraban ondas electromagnéticas y los que pensaban (como los físicos ingleses en general) que se trataba de partículas, hasta que, en 1897, Joseph John Thomson (1856-1940) demostró categóricamente que se trataba de partículas (eran desviados por campos eléctricos y magnéticos, que no desvían las ondas electromagnéticas).

¿Pero de qué partículas podía tratarse? La verdad es que no había demasiadas alternativas. Puesto que eran atraídas hacia el electrodo positivo, era obvio que estaban cargadas negativamente. Thomson intuyó que se trataba de las partículas que transportaban la unidad de carga, algo así como los «átomos de la electricidad» —meramente teóricos— y a los que el físico alemán Joseph Goldstein había llamado «electrones».

Pero había algo más. Cuando midió la masa de sus electrones, encontró que era extraordinaria, ridículamente, pequeña: ¡un electrón pesaba solamente una milésima de una millonésima de millonésima de millonésima de millonésima de millonésima de gramo! Y sobre todo, pesaba menos que un átomo de hidrógeno. ¡Menos que un átomo de hidrógeno, el más liviano y sencillo de los átomos! ¿Cómo podía ser? ¿Y de dónde salían esos electrones?

Y aquí es donde Thomson lanzó una hipótesis afortunada y audaz, muy audaz, una de esas hipótesis que hacen historia: que los electrones salían de dentro de los átomos.

Era una afirmación tremenda: los átomos de Demócrito, los átomos de Dalton, macizos, indivisibles, compactos... ¡tenían partes, después de todo! ¡No eran indivisibles! ¡Tenían cosas dentro! Como dijo el propio Thomson, muy a la inglesa: «La suposición de que exista un estado de la materia más finamente dividido que el átomo es en cierto modo sorprendente».

No era «sorprendente»: ¡era increíble!

5. Pero el asunto no terminaba ahí

En realidad, nadie se imaginaba todavía que lo pequeño encerraba un mundo. Pero así era: los experimentos demostraban que los electrones eran todos iguales, no importaba si salían del hidrógeno o de otro elemento cualquiera, lo cual permitía sospechar que no sólo eran partes de los átomos, sino que eran partes de todos los átomos. Ya era una sorpresa y una novedad: la electricidad, un fenómeno particular y, si se quiere, lateral, parecía estar implicada en la esencia misma de la materia. ¡Y buena parte de la naturaleza del mundo resultaba ser eléctrica!

Thomson elucubró un modelo del átomo que mantenía, en cierta forma, la idea del átomo macizo de Demócrito y Dalton, pero ya no era una esfera homogénea, sino una extensión de materia más o menos tenue (y cargada positivamente) en la que los electrones estaban incrustados como las pasas de uva en un pan dulce, de tal manera que resultara eléctricamente neutro.

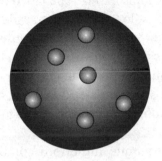

Es muy probable que Thomson, al diseñar su átomo, pensara que estaba dando la puntada final al problema de la estructura de la materia. Ni se imaginó que la cosa acababa de empezar.

6. ¡Sorpresa!: un pequeño sistema solar

Porque el átomo de Thomson —que, dicho sea de paso, no era muy bonito— no estaba destinado a durar. En 1896 llegó a su laboratorio un joven físico llamado Ernest Rutherford (1871-1937). Nacido en Nueva Zelanda, había trabajado con sus padres, granjeros, en tareas agrícolas. Cuando recibió la noticia de que había ganado una beca para la Universidad de Cambridge, estaba plantando patatas en la granja familiar, y dijo: «¡Ésta es la última patata que planto en mi vida!». O por lo menos, eso es lo que cuenta la leyenda.

Rutherford trabajó un tiempo junto a Thomson, pero enseguida se orientó hacia la radiactividad. En 1898 viajó a la universidad canadiense de McGill, en Montreal, donde le fue bien. Muy pronto comprobó que los elementos radiactivos emitían al menos dos clases de rayos diferentes: unos, que llamó alfa, cargados positivamente, y otros más penetrantes y cargados negativamente, que llamó beta (más tarde se observaría una tercera radiación, la gamma). Pero lo fascinante era que las partículas alfa salían de los elementos radiactivos con una velocidad que las transformaba en proyectiles interesantes, verdaderas sondas para estudiar los átomos, lanzándolas a toda velocidad contra ellos y viendo cómo se comportaban.

Por ejemplo, para ver cómo estaban distribuidos los electrones en el pan dulce de Thomson. En 1908 lanzó partículas alfa contra una lámina de oro de sólo 5 diezmilésimas de milímetro (es decir, relativamente pocos átomos) de espesor y observó, no sin sorpresa, que la mayoría de los proyectiles atravesaban la hoja de oro sin sufrir desviaciones, aunque, de vez en cuando, algunas partículas se desviaban en ángulos enormes y no faltaban aquellas que volvían para atrás como si hubieran chocado con algún obstáculo sólido y pesado.

Era sorprendente porque Rutherford, como todos los físicos, tenía en la cabeza el modelo de átomo que había propuesto Thomson: una esfera más o menos llena de materia tenue y cargada de electricidad positiva, donde estaban incrustados los electrones de carga negativa. El resultado del experimento, sin embargo, desmentía esa imagen: si algunas partículas eran desviadas tan violentamente, incluso en ángulos rectos, y aun mayores, en alguna parte del átomo tenía que haber algo duro y macizo. Las partículas fuertemente desviadas eran aquellas que por casualidad rozaban esa región o chocaban con ella.

¿Qué podía ser? Una feliz intuición permitió a Rutherford decidir que toda o casi toda la masa del átomo estaba concentrada en un espacio muy reducido en su centro, el núcleo, y era ese núcleo contra el que habían chocado las partículas alfa. El átomo «lleno» de Thomson saltó hecho pedazos y fue sustituido por el átomo «modelo Rutherford»: un centro (el núcleo) compuesto de partículas que Rutherford llamó «protones» (los primeros), a cuyo alrededor giraban los electrones, muy lejos, ya que si el núcleo fuera una pelota de tenis en medio de un estadio de fútbol, los electrones estarían en las tribunas.

Los protones del núcleo, mucho más pesados que los electrones y cargados positivamente, compensaban las cargas negativas de los electrones. El número de protones que tenía el núcleo, por su parte, determinaba de qué elemento era el átomo (1 protón significa hidrógeno; 2, helio; 3, litio; 4, berilio, y así sucesivamente. El hierro tiene 26 protones, y el oro, 79). Al fin y al cabo, Prout no estaba tan equivocado cuando sugirió que todos los átomos eran agregados de átomos de hidrógeno. Puesto que un protón era, efectivamente, un núcleo de hidrógeno, y puesto que todos los núcleos eran agregados de protones, es decir, de núcleos de hidrógeno, ¡resultaba que Prout había dado, casi casi, en la tecla!

Era interesante, además, ese núcleo compuesto por protones. Puesto que el número de protones en el núcleo era la marca de identidad del elemento, se abría una inquietante posibilidad: bombardeando nitrógeno, Rutherford comprobó que su carga de 7 (lo cual significaba 7 protones) pasaba a 9, pero enseguida perdía 1 protón, se quedaba con 8 protones solamente..., y por lo tanto ¡se había convertido en oxígeno! ¡Se habían transmutado átomos! La cosa era tan extraordinaria que Rutherford y su discípulo Soddy vacilaron en anunciarla: la palabra «transmutación» tenía tan mala fama que tuvieron que hacer verdaderos malabarismos de lenguaje para mostrar su descubrimiento, que tardó algunos años en ser aceptado del todo.

Además, había algo vertiginoso en el átomo de Rutherford: estaba constituido, casi en su totalidad (el 99,99999 %) por espacio vacío. La materia, finalmente, estaba compuesta por trocitos de nada, duros núcleos rodeados por una lejanía de electrones: si quitáramos el espacio vacío a los trillones de átomos de nuestro cuerpo, el resultado cabría en la cabeza de un alfiler. Todo lo que nos rodea, lo que somos y lo que hay es casi íntegramente espacio vacío.

Sin embargo, y a pesar de ese irremediable y terrible vacío, este modelo tenía un atractivo profundo, entroncado con uno de los más antiguos mitos humanos: la identidad entre micro y macrocosmos, que lo más pequeño se pareciera a lo más grande. Pensar que en el fondo de la materia se repetía una estructura parecida a la del sistema solar, con el núcleo en el lugar del Sol, los electrones como planetas y la atracción eléctrica en el papel de la gravedad, que el universo tuviera una sola impronta repetida en diferentes escalas, excitaba la imaginación. En verdad, era de un atractivo irresistible. ¡En el reino de lo diminuto aparecía la misma estructura que en lo inmenso!

No es de extrañar que el átomo como un sistema solar en miniatura tuviera un éxito fulminante, y que su imagen perdure hasta la actualidad, como si fuera un logotipo de nuestra época.

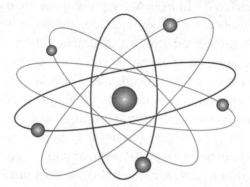

7. Nada es perfecto

Sin embargo, el átomo de Rutherford, a pesar de su indudable atractivo, tenía un gravísimo defecto. Según las leyes del electromagnetismo, cuando una carga eléctrica gira, como los electrones alrededor del núcleo, emite ondas electromagnéticas y, en consecuencia, pierde energía, que pronto no le permite mantenerse en órbita, por lo que cae irremisiblemente en el centro. El hermoso átomo de Rutherford no era estable: los electrones caían al núcleo y el átomo se derrumbaba sobre sí mismo. ¿Habría que abandonar la bella idea de un sistema solar en miniatura?

No. Ya estaba lista la mano, o mejor dicho, la mente salvadora. Niels Bohr (1885-1962), que había nacido en Copenhague, en 1911 se doctoró en física. Sus dotes futbolísticas le valieron una beca que le permitió viajar a una de las mecas de la física del momento, Cambridge, para trabajar con J. J. Thomson, el descubridor del electrón. Parece que la relación con Thomson no fue muy fluida (las malas lenguas dicen que era muy autoritario, pero quizás merecía la pena aguantarlo: al fin y al cabo, siete de las personas que trabajaron con él ganaron el Premio Nobel), y pronto se orientó hacia Rutherford, cuyo átomo inestable se sostenía tenuemente en el vacío, con la amenaza de inmediata catástrofe.

Bohr actuó con rapidez y un poco alocadamente: siguiendo los pasos de Planck y Einstein, y con una increíble audacia, en 1913 elaboró una teoría del átomo completamente novedosa. Puesto que los electrones, mientras giran en sus órbitas, irradian, pierden energía y caen al núcleo, decidió que los electrones, mientras giran en sus órbitas, no irradian. Era mucho decir, pero no era todo. Bohr decidió también que los electrones no pueden girar en cualquier lugar, sino en ciertas órbitas absolutamente prefijadas, del mismo modo que los automóviles no pueden circular por cualquier lugar, sino por las calles (y no en todas). Así, sostuvo Bohr, hay una primera capa donde giran (circulan) los electrones menos energéticos, una segunda capa con órbitas más energéticas que la primera, pero menos que la tercera, y así sucesivamente. Cada nivel corresponde a cierta cantidad fija de «cuantos» o «paquetes» energéticos de Planck y Einstein y no hay órbitas intermedias (del mismo modo que entre dos calles contiguas no hay calles intermedias). Los electrones no irradian mientras se mueven en sus órbitas: sólo lo hacen cuando saltan de una órbita más energética a una menos energética. Es una situación parecida a la de los coches que giran en torno a una plaza. A medida que la calle situada inmediatamente alrededor de la plaza se llena, los coches deben empezar a dar vueltas por las calles siguientes (lo que requiere mayor energía, mayor consumo de gasolina, porque el trayecto es más largo); cuando ésas también se llenan, los coches-electrones deben ir una calle más allá, y así sucesivamente. Cuando se desocupa algún lugar en una calle más cercana al centro, enseguida ese lugar es ocupado por un coche que gira más, lejos, pero como para alcanzar la órbita más cercana al centro debe girar, debe poner el intermitente y emitir (luz).

Era una idea absolutamente radical, como si Bohr hubiera sostenido que hay «calles» en un lugar donde todos pensaban que sólo existía una enorme planicie asfaltada en la que los vehículos podían circular por donde se les antojara. Pero con ella conseguía zanjar la dificultad del átomo de Rutherford y, lo que es todavía mejor, logró explicar fenómenos empíricos.

Y otra cosa: el esquema de Bohr explicaba la estructura obsesiva y repetitiva de la tabla periódica: a medida que las capas se van llenando (la primera se llena con 2 electrones, la segunda con 8, la tercera también con 8, y así sucesivamente), como si sus calles se fueran embotellando, los electrones no tienen más remedio que circular por las calles más alejadas y ocupar las capas subsiguientes. Es el número de electrones en la última capa el que determina las propiedades químicas, ya que es esa última capa la que interactúa con el resto de los átomos. Al fin y al cabo, son los coches del último de los trayectos alrededor de la plaza los que interactúan con el resto del tránsito. El cobre, la plata y el oro, por ejemplo, tienen un solo electrón en la capa más externa y por eso sus propiedades son parecidas.

Era un paso peligroso. Es verdad que se mantenía la plácida imagen de un minúsculo sistema solar, pero a costa de violar las leyes clásicas de la física. Y era peligroso porque marcaba un límite entre macro y microcosmos: las leyes del electromagnetismo —que claramente establecían que el electrón debía emitir— no valían en el mundo del átomo. Y es que el electrón no emitía mientras estaba en la órbita, sino sólo cuando saltaba de una órbita a otra. No era algo fácil de digerir, y las reacciones a la propuesta de Bohr fueron una mezcla de entusiasmo y escepticismo que a veces llegaba a la incredulidad. El propio Rutherford, que seguía de cerca a su alumno, fue muy cauto. Pero el nuevo modelo ¡funcionaba en los experimentos!

Y es que las cosas son así: la ciencia avanza dando palos de ciego, con audacia e irresponsabilidad y, a veces, una propuesta temible es la base sobre la que pueden apoyarse los que vendrán después. El átomo de Bohr (o el de Rutherford salvado por Bohr), con su núcleo ocupado por protones, de carga positiva, y los electrones en órbitas fijas a su alrededor, fue un hallazgo feliz y permitió los modelos más complicados que vinieron después.

Naturalmente, ésta no era la idea que había tenido Dalton de sus átomos (ni Demócrito, por supuesto). Ahora resultaba que los átomos no sólo eran divisibles, sino que tenían una complicada estructura interna. Con sólo dos partículas, el electrón y el protón, se explicaban todas las propiedades de la materia y la profusión de elementos de la tabla periódica.

Y sin embargo, todavía faltaba algo.

En ciencia, las cosas son así: siempre falta algo.

8. Una nueva partícula

En 1930 se observó que los núcleos de berilio (el cuarto elemento de la tabla periódica) bombardeados con partículas alfa liberaban una nueva radiación inusitadamente poderosa y penetrante, capaz de arrancar protones de los átomos. Parecía rara una radiación tan poderosa, pero he aquí que James Chadwick (1891-1974), un joven físico que trabajaba con Rutherford desde antes de la guerra, sugirió que no se trataba de radiación, sino de partículas. Y se dedicó a capturarlas: el miércoles 17 de febrero de 1932 envió a la revista *Nature* un informe titulado «Sobre la posible existencia del neutrón».

Chadwick tenía razón: efectivamente, se trataba de partículas; partículas que tenían una masa aproximadamente igual a la del protón, pero que eran eléctricamente neutras, y que por eso eran tan penetrantes, ya que podían moverse por el interior de la materia sin ser afectadas por las cargas eléctricas de electrones y protones. ¡Una nueva partícula fundamental!

Pero una nueva partícula que no complicaba las cosas, sino que las simplificaba: el neutrón venía de perillas para elaborar un modelo de átomo verdaderamente estable y completo: un núcleo formado por protones y neutrones (lo cual salvaba el problema de la discrepancia entre el peso atómico y la carga). El número atómico estaba dado por el número de protones, que le daban identidad, y el peso atómico, por la suma de protones y neutrones.

El neutrón permitía, además, explicar el fenómeno de los isótopos, elementos de idénticas propiedades químicas, pero de pesos atómicos diferentes: se trataba de núcleos con el mismo número de protones (o sea, químicamente idénticos) pero diferente número de neutrones (como el cloro, que tiene 17 protones, y puede tener 18 o 20 neutrones; el cobre, que tiene 29 protones y 34 o 36 neutrones, o el uranio, con sus 92 protones y sus 143 o 146 neutrones).

Ahora sí, el átomo formado por protones y neutrones rodeados de electrones parecía un modelo definitivo: se podía decir que únicamente con tres partículas se conseguía explicar todo lo existente. No estaba mal.

Y sin embargo, y como siempre, no era todo.

9. Aparece la antimateria

No era todo porque, en 1927, Paul Dirac (1902-1984), otro de los semidioses de la física de la edad de oro, encontró una ecuación que describía el comportamiento del electrón pero respetando los principios de la teoría de la relatividad de Einstein. Era un buen resultado, un resultado prolijo, que adaptaba el átomo de Bohr y Rutherford a las nuevas realidades relativistas de la época, y que daba cuenta, con claridad, de un montón de datos experimentales. Sí. Pero resulta que la ecuación no tenía una sino dos soluciones posibles (del mismo modo que una raíz cuadrada tiene dos resultados posibles): una correspondiente a una partícula de carga negativa y otra a una partícula de carga positiva. Obviamente, la partícula de carga negativa era el electrón. Pero ¿y la otra solución? ¿A qué podía corresponder? ¿Y por qué tenía que corresponder a algo?

Dirac, que creía firmemente, como Galileo y Newton, que el libro de la naturaleza estaba escrito en caracteres matemáticos, no dudaba de que si había una solución extra, esa solución tenía que corresponder a algo extra: las matemáticas pueden ser duras, pero no mienten. Primero pensó en el protón, pero en 1931 se le ocurrió que esa solución extraña correspondía a una partícula exactamente igual en todo al electrón, salvo en su carga, que sería positiva. Una especie de «antielectrón». Era toda una conjetura. Y nada más.

Pero en septiembre de 1932 Carl D. Anderson, un joven físico experimental del Instituto de Física de California, enviaba a la revista *Science* un artículo en el cual contaba que, estudiando los rayos cósmicos, había encontrado «una partícula cargada positivamente y con una masa comparable a la del electrón». Increíblemente, era el «antielectrón» imaginado teóricamente por Dirac, al que se llamó «positrón».

Sin embargo, no era solamente una partícula más: era una partícula de «antimateria». Las partículas y las antipartículas son idénticas, salvo en su carga eléctrica, cuando la hay. Y también difieren en algo que llama «spin», y que puede interpretarse, grosso modo, como la capacidad de rotar sobre sí mismas. Cuando una partícula y una antipartícula entran en contacto se aniquilan y se volatilizan como un torrente de radiación, esto es, se transforman por entero en energía. También es posible el proceso inverso: en cualquier laboratorio de medicina nuclear un rayo gamma emitido por el cobalto 60 choca de repente con un átomo de plomo. Y entonces la energía del rayo gamma se materializa en un electrón y un antielectrón. En realidad, hoy en día todas las partículas tienen su correspondiente antipartícula (es decir, su versión en antimateria).

De repente, todo se duplicaba.

10. Ensaladas

Cuando los neutrones entraron en escena, pareció que hasta ahí se llegaba y que el problema de la estructura de la materia estaba resuelto: estaba hecha de átomos, a su vez formados por neutrones, protones, electrones. Y punto. No era la idea de Dalton o Demócrito, para quienes los átomos eran «las partículas verdaderamente elementales», pero pasaba. En realidad, era mejor: en lugar de muchas clases de átomos, había sólo tres partículas (electrón, protón y neutrón), éstas sí, verdaderamente elementales, que formaban los átomos con una estructura verdaderamente hermosa. Digamos que Demócrito se hubiera sentido feliz.

Pero la naturaleza no respeta las decisiones humanas, ni siquiera las de alguien tan grande y genial como Demócrito: en la misma década de 1930, el análisis de la materia, de bombardeos con partículas, del uso de los inmensos aceleradores y demás fue ampliando progresivamente el menú de las partículas «verdaderamente elementales» que se encontraban en el interior de los átomos hasta formar una verdadera e insoportable selva: piones, kaones (en tres versiones, positivos, negativos y neutros), muones, partículas tau, tres tipos de neutrinos y una larguísima lista (cada uno, además, con su antipartícula) que hicieron sospechar y anhelar una subestructura.

Al fin y al cabo, suspiraron los físicos de partículas, la naturaleza nunca es tan complicada (una creencia que sostiene buena parte del impulso científico y que hasta ahora ha dado resultado). Aunque tiene sus caprichos, eso sí: mostrarse como una confusión, como una mancha difusa para que la descifren, aunque al final todo se aclare. Pero, sea como sea, lo cierto es que el panorama empezaba a complicarse de tal modo que crecieron los suspiros por un orden subyacente. Como cuenta el físico León Lederman: «En los 30, a quien descubría una nueva partícula elemental se le daba el Premio Nobel. En los 50, se lo maldecía». Y es que, en vez de a una selva, el panorama recordaba a una ensalada.

11. Los quarks

Y así fue como, en los años sesenta, Murray Gell-Mann (n. 1929) y George Zweig (n. 1937) presentaron una propuesta: la existencia de entidades aún más fundamentales y pequeñas que los neutrones y los protones, a los que Gell-Mann llamó quarks (en homenaje a una frase irónica de James Joyce en *Finnegans Wake*: «*Three Quarks for Muster Mark!*»): el quark *up* (arriba), el *down* (abajo) y el *strange* (extraño) (y sus respectivas antipartículas, claro está). Las combinaciones de esos quarks daban cuenta de todas las partículas conocidas hasta el momento (2 quarks *up* y 1 *down*, formaban 1 protón; 2 *down* y 1 *up*, 1 neutrón; los mesones y los piones se formaban con 2 quarks), salvo aquellas de la familia del electrón que no estaban compuestas por quarks y que parecían verdaderamente elementales.

Gell-Mann había aclarado que sus quarks eran entidades meramente especulativas, «objetos matemáticos». Pero, en 1968, los físicos del gran acelerador lineal de Stanford, bombardeando protones (una operación a escala aún más reducida del famoso experimento de Rutherford), comprobaron que dentro del protón había, efectivamente, tres partículas más pequeñas. La rueda no se detuvo allí, y fueron apareciendo más quarks: hoy se conocen seis (y sus respectivos antiquarks, claro está).

Realmente, se había recorrido un largo camino desde los primitivos átomos de tierra, agua, aire y fuego de Empédocles que, según él, se unían simplemente por «amor» y «discordia».

12. El modelo estándar

La experiencia de todo un siglo y los quarks de Gell-Mann permitieron construir lo que hoy se llama «el modelo estándar», que refleja lo más profundo que se llegó a conocer sobre la estructura de la materia.

Y es así: la materia observable, una molécula de agua, un fragmento de ADN o un caballo, está formada básicamente por átomos que miden una diezmillonésima de milímetro de diámetro. A su vez, los átomos están formados por electrones que giran muy lejos de un núcleo central, de diámetro diez mil veces más pequeño, de una cienmilésima de millonésima de milímetro. Pero el núcleo está formado por protones y neutrones diez veces más diminutos (menos de una millonésima de millonésima de milímetro) y, a su vez, esos protones y neutrones contienen partículas más de cien mil veces más pequeñas: los quarks, de menos de una cienmilésima de millonésima de millonésima de milímetro de diámetro.

Por otra parte, los seis tipos distintos, combinados de a tres o de a dos, pueden dar una variedad enorme de otras partículas intermedias, como los mesones y los piones.

También están los leptones, que comprenden el electrón, el muón (una especie de electrón más pesado), la partícula tau y tres clases de neutrinos, que aparentemente sí son elementales. Y no están compuestos por nada.

Pero, además, hay que agregar las partículas que transportan las cuatro fuerzas que mantienen a los trocitos de materia unidos y sin las cuales quarks y leptones flotarían sueltos por el universo y nunca podría llegarse a estructuras más complejas como un protón, un átomo, una molécula, este libro o su lector.

A saber: la interacción fuerte que une a los quarks, la débil, que interviene en ciertas desintegraciones, el electromagnetismo que mantiene al electrón girando alrededor del núcleo, y la gravedad. En realidad, estas dos últimas son mucho más débiles que las que actúan a escala atómica, pero más conocidas para la escala humana. Como ejemplo de la debilidad de la gravedad en comparación con las fuerzas fuerte y débil basta con colgar un traje en una percha: lo que mantiene unida a la percha con su traje es mucho más fuerte que la atracción que la Tierra ejerce sobre el conjunto, de lo contrario el gancho se rompería. La gravedad, que tanto afecta a nuestra vida cotidiana, es en realidad insignificante en comparación con las otras, aunque a gran escala es la que mantiene a las estrellas dentro de las galaxias y a las galaxias dentro de los grupos de galaxias. Todas estas fuerzas funcionan, hasta donde se sabe, a través de partículas, aunque una de ellas, la que transportaría la fuerza de gravedad (el gravitón), aún no ha podido ser detectada, a pesar de los tremendos esfuerzos por hacerlo.

El modelo estándar podría parecer simple (o mejor dicho, ordenado). Siempre y cuando que no hubiera nada más, claro. Pero, extrañamente, en un mundo que parece amar la simplicidad, aparecen constante y fugazmente otras partículas huidizas. La gran mayoría de ellas tienen una estabilidad tan baja que, si logran crearse espontáneamente, no sobreviven en los laboratorios más que unas cuantas fracciones de segundos, en el mejor de los casos. ¿Por qué algo tan inútil está previsto en la naturaleza? En realidad, muchas de ellas existieron en los primeros instantes del universo, tras el Big Bang, en un contexto de altísimas energías.

En apariencia, hasta aquí se llegó y es lo último que se puede encontrar en el interior de la materia. Pero lo mismo pareció en instancias anteriores, como la molécula, el átomo, los protones... Así que no sería extraño seguir encontrando sorpresas, como en una *matrioshka* infinita.

¿Quién puede saberlo?

¿Lo habría aprobado Demócrito?

¿Seguirán apareciendo cosas más y más pequeñas?

Capítulo 6
PASTEUR Y LA TEORÍA DE LA INFECCIÓN MICROBIANA

Louis Pasteur

...la destrucción de la materia orgánica muerta es una de las necesidades para la perpetuación de la vida. ... Es necesario que la fibrina de nuestros músculos, la albúmina de nuestra sangre, la gelatina de nuestros huesos, la urea de nuestras orinas, la materia leñosa de las plantas, el azúcar de los frutos, el almidón de las semillas..., se transformen lentamente hasta alcanzar el estado de agua, amoníaco y anhídrido carbónico, de forma que estos principios elementales de las sustancias orgánicas complejas vuelvan a ser recogidos por las plantas, elaborados de nuevo, sirvan como alimento a nuevos seres vivos semejantes a los que les dieron vida y así continúen ad infinítum hasta el fin de los siglos.

LOUIS PASTEUR

1. En el siglo XIX hacía falta un nexo firme entre la química y la biología

Si Dalton completó la obra de Lavoisier y puso a la química en la senda cuantitativa al introducir los átomos y los pesos atómicos, fue Louis Pasteur quien estableció un nexo de hierro entre la química y la biología de lo minúsculo, que permitía explicar la relación entre materia y vida como un flujo de continuo intercambio. Era una preocupación que flotaba en el ambiente: a mediados del siglo

XVIII, el mismo Stahl, con su teoría del flogisto, había intentado explicar este comercio constante entre lo vivo y lo químico. También hacía siglos que la vida y la muerte se cruzaban cotidianamente en las pestes que asolaban Europa, lo que permitía sospechar que algo las transportaba. Era ya tiempo de empezar a encontrar mejores respuestas.

O por lo menos respuestas que explicaran los fenómenos internos de la vida en una forma alejada de la generación espontánea o de los desequilibrios de los humores como causa de enfermedades. Había que romper con la Tierra inmóvil o las esferas de Aristóteles, pero en el campo de la vida.

2. Hay un mundo pequeño pequeño y totalmente insospechado

Cuando Antony van Leeuwenhoek (1632-1723) miró por la lente de su microscopio —uno de los primeros que existieron en el mundo—, vio una gota de agua que bullía de animales diminutos que nunca antes habían sido observados, a los que llamó «infusorios» o «animálculos». Vio los que vivían en su propia saliva y luego las primeras bacterias y espermatozoides: así como el telescopio había abierto el panorama de los astros invisibles, el microscopio y los grandes microscopistas, como Robert Hooke (1635-1703) o Marcelo Malpighi (1628-1694), mostraron un mundo también invisible que hervía de vida. Nadie podía imaginarse entonces el poder de aquellos «animálculos» o «infusorios», ni el papel que desempeñan en el mundo cotidiano. El sentido común indicaba que había que temer a lo más grande, como los terremotos, las bombas de los cañones o, incluso, la pinza del dentista, mientras que lo más pequeño, lo minúsculo, no podía representar ningún peligro. Pero ya se sabe: el sentido común suele ir por un lado, mientras que la realidad lo hace por otro. Es lo que empezaban a sospechar quienes tenían los pies en una Tierra que no parecía moverse y que, sin embargo, se movía.

3. Resulta que los pequeños e inofensivos infusorios son capaces de fabricar cerveza

Louis Pasteur (1822-1895), hijo de un curtidor, tenía 23 años cuando resolvió un curioso problema sobre la estructura de los cristales de ácido tartárico y sus propiedades de desviar la luz hacia la izquierda o la derecha, un descubrimiento que le dio cierta reputación. Pero sus primeros grandes trabajos, de gran repercusión en la realidad cotidiana de la gente, estuvieron relacionados con la fermentación y la putrefacción. Ambos fenómenos eran objeto de una polémica entre quienes sostenían que eran procesos puramente químicos y quienes lo atribuían a microorganismos; además —por supuesto— había una gran cantidad de opiniones intermedias. No eran pocos los que se dedicaban a este asunto: la fermentación era ya entonces un proceso muy utilizado en la industria (como la cervecera) y quien la comprendiera podría resolver muchos problemas prácticos.

El paradigma más o menos vigente, apoyado por el químico Louis Joseph Gay-Lussac (1778-1850) y, sobre todo, por su discípulo Justus von Liebig (1803-1873), sostenía que el aire activaba procesos puramente químicos que producían la fermentación. Pero en 1853 Charles Cagniard de Latour (1777-1859) postuló que en el aire existían gérmenes vivos responsables del fenómeno: a través del microscopio había observado pequeñas células. Sus hipótesis fueron recibidas con incredulidad, ya que en algunos tipos de fermentación no se encontraba nada parecido a los microorganismos que Cagniard de Latour había observado en la levadura.

Y justamente en 1857, investigando cómo eliminar procesos irregulares que aparecían durante la fermentación de la cerveza, Pasteur logró encontrar a los culpables, unos organismos aún más pequeños que la levadura que eran responsables del ácido láctico que aparecía en la bebida y arruinaban su sabor. En los años siguientes, acumuló pruebas a favor de la teoría microbiana, aclarando el papel de la levadura y aislando el microorganismo responsable de la producción de vinagre a partir del vino común. En 1861 encontró la relación entre la fermentación y los procesos metabólicos: la fermentación era la forma en la que la levadura obtenía energía del azúcar cuando no había presencia de aire. En la década de 1870 comprendió que el mismo proceso podría aplicarse a las células vivas... Puede parecer una mera anécdota de la historia de la industria, pero en realidad lo que estaba diciendo era que la fermentación, más que un proceso químico, era un fenómeno de la vida.

«Si las fermentaciones fueran enfermedades, se podría hablar de epidemias de fermentación.»

Estaba avanzando hacia la idea de que en nuestro cuerpo ocurre más o menos lo mismo que se ensaya y observa en el laboratorio. La fermentación, la vida y la enfermedad eran tres fenómenos íntimamente ligados y él estaba dispuesto a demostrarlo.

4. Pasteur se dedica al problema de la generación espontánea

El tema, además, tocaba tangencialmente una de las ásperas polémicas de aquel entonces, que involucraba cuestiones científicas, pero también tradiciones y creencias religiosas: la generación espontánea. ¿De dónde salían los gérmenes responsables de la putrefacción y la fermentación?

El antiquísimo asunto de la generación espontánea —según la cual insectos y animales pequeños se originaban a partir de la materia inerte— seguía aún vigente. Ya Aristóteles —¡cómo no¡— había afirmado que «las pulgas y los mosquitos se originaban en las aguas putrefactas», como podía observar cualquiera que en verano se acercara a un charco de agua estancada. Incluso había quienes creían que animales más grandes también podían surgir de sustancias sin vida: una receta muy conocida en el siglo XVII señalaba que para producir ratones bastaba con dejar ropa sucia y un poco de trigo durante 21 días en una jarra de boca ancha. La idea era que el sudor de la ropa se mezclaba con el trigo hasta transformarse en gusanos o incluso en ratones. La verdad es que era una forma de empiria algo particular, pero quien quisiera podía comprobar el rigor del resultado: los autores de este libro no pudieron hacerlo.

No todo el mundo creía en la generación espontánea, que había sido combatida, entre otros, por William Harvey (1578-1657), el gran médico inglés que descubrió la circulación de la sangre y que pensaba que las larvas que aparecían en la carne en descomposición podían provenir de huevos depositados por insectos demasiado diminutos como para ser observados. En 1668, el italiano Francesco Redi (1626-1697) decidió coger el toro por los cuernos y puso a prueba la hipótesis: preparó ocho frascos con carne y cerró herméticamente cuatro de ellos, dejando abiertos los demás; sólo aparecieron larvas en los frascos abiertos, donde las moscas habían podido posarse. Era evidente, al menos para él, que las larvas se originaban en los huevos de las moscas. Un siglo después Lazzaro Spallanzani (1729-1799) afinó el experimento: hirvió diversas soluciones durante períodos que oscilaban entre los 45 y los 90 minutos, para matar cualquier ser vivo que pudieran contener, las cerró herméticamente en frascos y comprobó que no aparecían microorganismos por más tiempo que esperara. Lejos estaba Spallanzani de suponer que este experimento teórico tendría alguna vez una importancia práctica en el terreno de la conservación de alimentos, y mucho menos que tendría una inmediata aplicación militar, consistente en el empleo de productos envasados.

Sin embargo, la doctrina de la generación espontánea no fue abandonada así como así. Aunque en tiempos de Pasteur ya nadie pensaba que los ratones surgían de una camisa sucia o que las abejas salían de las entrañas de los toros muertos, no había mucha seguridad acerca del origen de los animales minúsculos que aparecían en los elementos en descomposición. Un contemporáneo de Pasteur, el biólogo Theodor Schwann (1810-1882), demostró que si el aire que entraba en contacto con la materia orgánica había sido previamente calentado o filtrado, no se producía la putrefacción, lo cual, obviamente, fortalecía la teoría de que el aire transportaba los microorganismos responsables del fenómeno.

Pero había una corriente contraria, a la que pertenecía el gran defensor de la generación espontánea, Félix Archimède Pouchet (1800-1872), que en 1859 —aproximadamente cuando en el otro lado del Canal de la Mancha surgía *El origen de las especies* de Darwin— había publicado un tratado sobre el tema que, al parecer, decidió a Pasteur a intervenir en el asunto y dedicarse a destruir sistemáticamente los experimentos de Pouchet, demostrando que en todos los casos había existido algún tipo de filtración a través de la cual se habían colado microorganismos.

Fue un verdadero duelo público de experimentos y contraexperimentos, del que Pasteur salió victorioso y que lo convirtió en un personaje renombrado en su época, algo inusual para un científico. Más aún: su fama lo transformó en la imagen viva del poder de la ciencia. Su reputación de ser capaz de resolver cualquier problema con una mirada intelectual y la ayuda de microscopios hizo que le encomendaran una curiosa tarea que lo llevaría todavía más lejos.

5. Pasteur se ocupa de los gusanos de seda y los cura

En 1865, el Gobierno francés pidió ayuda a Pasteur para detectar la causa de una enfermedad del gusano de seda que estaba arruinando la producción en el sur del país. Pasteur no sabía nada del tema, pero confiaba enormemente en el método científico para detectar y, eventualmente, neutralizar la causa de la enfermedad. Incluso afirmaba que su desconocimiento jugaba a su favor, ya que le permitiría afrontar el desafío sin prejuicios de ningún tipo.

Después de cuatro años de ensayo y error, y de investigar pacientemente las enfermedades de los gusanos, pudo comprender mejor los mecanismos del contagio. Aunque la mayoría de sus numerosos críticos, especialmente médicos y veterinarios, habían menospreciado la posibilidad de que el trabajo de laboratorio diera resultado en el campo de las enfermedades, Pasteur fue el primero en darse cuenta de que el mal de los gusanos de seda, en realidad, no era uno sino dos, causados por la presencia de pequeñísimas esporas que dejan sus huevos en las plantas nuevas. Una vez aisladas ambas enfermedades pudo, por medio de una cuidadosa selección, permitir la procreación de aquellos gusanos que no portaban ninguna de ellas, y evitar también que se contagiaran nuevamente la enfermedad.

En marzo de 1869, probablemente consciente de su gesto demoledor hacia los críticos, Pasteur envió cuatro lotes de huevos de gusanos a la Comisión de Seda de Lyon, donde se habían expresado algunas reservas sobre su trabajo. Junto con los lotes explicaba lo que ocurriría con cada uno de ellos: el primero estaría sano y daría una buena cantidad de seda; el segundo sufriría de una de las enfermedades, la llamada «pebrina»; el tercero sufriría la otra enfermedad, la «flaqueza», y el cuarto desarrollaría ambos males. Sus predicciones se cumplieron al pie de la letra y su reputación siguió creciendo.

Por si faltaba algo para aumentar su fama de ser capaz de sobreponerse a cualquier dificultad, una hemorragia cerebral lo dejó casi paralizado del lado izquierdo. En cuanto se repuso un poco publicó un libro que describía sus investigaciones, mientras los campos de gusanos de seda volvían a dar ganancias por primera vez en una década. Y como era de esperar, en poco tiempo su técnica de selección se utilizaba comúnmente en Austria e Italia.

6. La teoría de la infección microbiana

Durante la epidemia de sífilis que se abatió sobre Francia en el siglo XVI Girolamo Fracastoro, el mismo que había tratado de arreglar con 79 esferas el sistema cosmológico de Aristóteles, sostuvo la primera hipótesis más o menos precisa sobre la existencia del contagio por medio de un agente vivo, que transmitía la enfermedad a través de objetos contaminados o incluso del aire. La idea, a pesar de hacerse bastante evidente en las epidemias (y de que se tomaran medidas teniéndola en cuenta, dado que se aplicaba la cuarentena), chocaba en cierta forma con el concepto de que la enfermedad provenía del interior del cuerpo por un desequilibrio en los humores.

En tiempos de Pasteur, grandes médicos como Joseph Lister (1827-1912) o Ignaz Semmelweis (1818-1865) empezaban a introducir medidas antisépticas. Semmelweis, que trabajaba en el Hospital General de Viena, observó que en una de las dos salas de obstetricia había una tasa de muerte por fiebre puerperal de más del 13 %, y en la otra de sólo el 2%. Después de evaluar y revaluar, en un proceso que suele utilizarse como modelo de aplicación del método científico, qué variable era la que incidía en semejante fenómeno advirtió que en la sala de alta mortalidad trabajaban estudiantes que antes de revisar a las pacientes hacían disecciones de cadáveres y concluyó que había algún «material cadavérico» responsable del contagio, y comprobó que estaba en lo cierto: en cuanto obligó a sus estudiantes a lavarse las manos, la tasa de infección bajó inmediatamente a un 2 %. Luego amplió los cuidados de higiene al lavado del instrumental y comprobó estadísticamente, una vez más, la efectividad de su método.

En 1854, cuando se produjo un repentino brote de cólera en la Broad Street de Londres que mató a 500 personas en un radio de sólo 200 metros, un estudioso de la época llamado John Snow primero concluyó y luego demostró que el problema residía en que la fuente de agua que se utilizaba en el área estaba contaminada con materia orgánica proveniente de un enfermo de cólera.

Eran pasos firmes, pero inciertos, porque faltaba el dato fundamental: saber cuál era exactamente el agente de transmisión.

7. Una alianza entre Jenner y las vacas derrota a la viruela

El médico rural inglés Edward Jenner (1749-1823) comprobó el hecho conocido de que las ordeñadoras de vacas, que solían contraer la viruela vacuna (poco peligrosa para humanos), y que se transmitía de manera directa de las ubres al ordeñador, no desarrollaban la variante humana, más peligrosa, de la enfermedad. A partir de 1778 empezó a reunir sus observaciones y el 14 de mayo de 1796 hizo la prueba decisiva: tomó fluido linfático de la mano de una lechera y la inoculó en el brazo de James Phipps, un chico sano de ocho años, a quien dos semanas más tarde expuso al pus de la viruela humana. El chico no enfermó: quedaba demostrado que la viruela vacuna inmunizaba contra la humana.

Era el primer caso de vacunación empíricamente comprobado, aunque Jenner había desarrollado su método sin tener idea del agente causal de la enfermedad, ni el mecanismo por el cual se producía la inmunización. La vacuna se extendió ampliamente e incluso Jenner fue premiado por el Parlamento inglés, aunque los casos en los que la enfermedad sí se desarrollaba pese a la vacunación siguieron generando polémica.

En realidad, la idea de inocularse material infectado para prevenir enfermedades ya se había practicado en China, India y Persia, donde se habían tomado muestras de casos poco virulentos y se habían colocado en heridas de personas sanas que quedaban a salvo del contagio. A finales del siglo XVII, la esposa de un embajador inglés en Constantinopla llevó la práctica a sus compatriotas, que comenzaron a utilizarla. De allí pasó a América, donde en 1721 un médico la empleó en Boston para prevenir la viruela, estimulado por un terrateniente local que se había enterado de esta práctica por sus propios esclavos africanos. Se introducía el material infectado debajo de la piel del paciente, que si bien no siempre desarrollaba la enfermedad sí podía contagiar a otros fácilmente, por lo que era común que varios amigos se inocularan al mismo tiempo para pasar juntos la cuarentena. A pesar de todo, había ocasiones en las que la enfermedad se desarrollaba lo suficiente como para matar al paciente, lo que, obviamente, generaba muchas resistencias a la práctica.

El éxito de Jenner terminó con esa práctica de la «variolización» (el contagio voluntario de formas leves de la enfermedad) sustituyéndola por la vacunación.

Era natural que se intentara aplicar la fórmula a otras enfermedades. A mediados del siglo XIX llegó a la Academia de Medicina Francesa la idea de inocular con sífilis a los jóvenes franceses para prevenir las regulares epidemias y se levantó una enorme polémica.

En 1878, uno de los libros que trataba la propuesta llegó a las manos de Pasteur, quien inmediatamente se interesó en el tema mientras se preguntaba por qué no había otros casos tan exitosos de vacunación como el de la viruela vacuna. En realidad, nadie sabía por qué la vacuna de Jenner inmunizaba.

Las vacas habían ayudado a Jenner. Ahora era el turno de las gallinas.

8. Las gallinas colaboran con Pasteur

Era un buen momento: desde finales de la década de 1870 Pasteur investigaba el cólera de las gallinas. Durante sus experimentos se topó con que un cultivo de bacilos que guardaba desde largo tiempo era incapaz de provocar la enfermedad en las gallinas en las que lo inoculaba. Probablemente molesto por el contratiempo, consiguió una nueva cepa virulenta y la introdujo en sus gallinas, algunas de las cuales habían recibido el bacilo fallido. Para su sorpresa, estas gallinas no desarrollaron la enfermedad, mientras que las otras sí lo hacían. ¡Pasteur comprendió que había encontrado otro caso en el que la vacunación funcionaba!

En la publicación sobre su descubrimiento utilizó la palabra «vacunación» como homenaje a Jenner y la definió como la capacidad de aumentar la resistencia de un ser vivo a un agente enemigo específico. Era un paso que servía para prevenir una enfermedad más, pero que también permitía ilusionarse con lo que podría hacerse con muchas otras. En los cuatro años siguientes aplicó la técnica con éxito a la prevención de varias enfermedades animales. Bastaba con atenuar al agente virulento por medio de calentamiento, por el paso del tiempo o por medio de un pasaje intermedio por otros animales: en cada caso, las enfermedades eran ligeramente diferentes y había que descubrir sus particularidades para debilitarlas exitosamente.

Por otro lado había que afinar bien los experimentos y reducir los fracasos al mínimo para evitar dar argumentos a los detractores de la vacunación, en su mayoría, médicos.

9. Pasteur recibe ayuda de un gigante: Robert Koch

En 1876 Robert Koch (1843-1910) publicó una obra completa donde describía el bacilo que produce el carbunclo y unas esporas muy resistentes al calor que se desarrollan una vez que se dan las condiciones necesarias. Dos años más tarde, en una nueva obra, explicaba que los microorganismos no sólo producen enfermedades sino que cada uno de ellos produce una enfermedad específica.

Pasteur, que durante sus propios estudios sobre el carbunclo no supo de la obra de Koch, avanzaba sobre el tema partiendo de los mismos principios que había establecido para demostrar que no era posible la generación espontánea. Sabiendo que ya se había observado que en la sangre de los animales muertos por el carbunclo se encontraba una suerte de bastoncitos rectos, se dedicó a aislarlos y reproducirlos en su laboratorio.

Diluyendo una gota de sangre en sucesivas muestras de orina esterilizada pudo comprobar que la última muestra seguía produciendo la enfermedad tal como la primera aunque ya no quedara nada de la sangre originaria, pero sí las bacterias que evidentemente eran el «principio virulento» causante de la enfermedad. Era algo que no le había ocurrido con el cólera de las gallinas: ¿cuál podía ser la diferencia?

En uno de tantos intentos dejó reposar el líquido en el que hacía sus cultivos: comprobó que el líquido de la superficie no producía la enfermedad, mientras que el del fondo sí lo hacía, y concluyó que las bacterias más peligrosas habían decantado hacia el fondo de los recipientes y por lo tanto, la parte superior del líquido serviría como vacuna.

Y así estuvo en condiciones de dar un golpe maestro contra quienes aún se oponían a la vacunación: el 2 de junio de 1881, hizo una demostración pública frente a periodistas y diversas personalidades en la aldea francesa de Pouilly Le Fort. Allí inoculó 48 ovejas con el carbunclo que sabía que era virulento. Las 24 que previamente Pasteur y sus colaboradores habían vacunado no mostraron síntomas de la enfermedad, en tanto que las otras murieron en menos de dos días. Era, junto con la de Koch, una demostración acabada del origen microbiano de la enfermedad. Pero también era una prueba contundente sobre la vacunación.

En las dos décadas siguientes se descubriría la mayoría de las bacterias causantes de enfermedades, aunque no necesariamente las vacunas. El mismo Koch encontró el bacilo de la tuberculosis, una de las principales causas de muerte de la Europa de aquel entonces, pero la vacuna debió esperar varias décadas.

Sin embargo, todavía faltaba dar el paso decisivo: experimentar las vacunas «de laboratorio» en seres humanos. Y le tocó a la rabia.

10. El turno de los perros

Pasteur comenzó a estudiar la rabia, según se cree, porque de chico había presenciado la muerte de varios de sus vecinos a causa de la mordida de un lobo rabioso. A pesar de sus avances y experimentos se resistía a probar si los resultados también se verificaban en los seres humanos. Finalmente, la realidad le obligó: el 6 de julio de 1885 el niño de 9 años Joseph Meister llegó a su laboratorio acompañado del médico local y cubierto de mordeduras de un perro rabioso. Los médicos le dijeron a Pasteur que las posibilidades de que se desarrollara la enfermedad eran muy altas y se hicieron responsables de las consecuencias que pudiera tener el tratamiento. Durante los días siguientes se le inocularon 13 versiones distintas del virus atenuado, cada una más virulenta que la anterior. El pequeño Joseph no tuvo ningún síntoma de rabia.

El éxito de la primera aplicación de la vacuna contra la rabia, un azote milenario, no sólo aseguró el triunfo de la teoría de la infección microbiana, sino que repercutió en todo el mundo hasta el punto de que se generó una campaña internacional para juntar fondos que permitieran crear un instituto especialmente dedicado a la enfermedad. Además, por supuesto, convirtió a Pasteur en una especie de héroe público mundial.

Por otra parte, con la masificación de la técnica se multiplicaron los errores y comenzaron a surgir médicos, como el propio Robert Koch, que se negaban a vacunar a sus pacientes, lo que no impidió que el método se siguiera popularizando. Tal vez los médicos no le perdonaban a un químico como Pasteur que se metiera en un campo como la medicina, que supuestamente le era ajeno.

Por otra parte también es cierto que en aquel entonces nadie comprendía por qué funcionaba la vacunación para prevenir la enfermedad. ¿Qué era lo que ocurría? La respuesta llegaría hacia finales del siglo XIX, junto con el nacimiento de los estudios sobre inmunología. Las células de nuestro cuerpo son reconocidas por nuestro sistema inmunitario; cuando aparece un elemento extraño se desencadena una respuesta defensiva del sistema inmunológico que empieza a fabricar anticuerpos para neutralizar ese elemento. Al colocar elementos atenuados que no pueden producir la enfermedad, lo que se le está dando al cuerpo es la información necesaria para que se pueda defender en el futuro si llegara a entrar en el cuerpo un microbio capaz de producirla.

En 1878 el cirujano militar Sedillot inventó la palabra «microbio» para los gérmenes capaces de provocar enfermedades. Al poco tiempo se descubriría que no sólo las bacterias sino también los virus pueden generarlas.

Pasteur murió en 1895, cuando ya llevaba años tan debilitado que prácticamente no podía trabajar.

11. La teoría de la infección microbiana

Poco antes de morir dio una conferencia a jóvenes estudiantes para la que tuvo que recurrir a su hijo como intermediario con el público. Allí sostuvo que la ciencia «traería la felicidad al mundo». Este católico devoto tenía también mucha fe en la ciencia como camino constante e irreversible hacia la verdad.

Su cuerpo yace en el Instituto Pasteur de París, en una pequeña capilla en cuyos mármoles se puede leer: «Fermentations», «Générations dites spontanées», «Études sur le vin...», y más nombres de los trabajos con los que fue desvelando los secretos de la vida.

Bastante tiempo después, durante la Segunda Guerra Mundial, cuando los nazis ocuparon París, el portero del Instituto Pasteur se suicidó para no tener que guiar a los invasores a la tumba del científico. Se llamaba Joseph Meister. Era aquel mismo chico de 9 años, en quien por primera vez en la historia de la humanidad se probó una vacuna fabricada en el laboratorio.

Capítulo 7
LA TEORÍA DE LA RELATIVIDAD

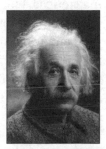

Albert Einstein

Si mi teoría resulta cierta, los alemanes dirán que soy un alemán y los franceses que soy un alemán que debió huir de su patria; si mi teoría resulta falsa, los franceses dirán que soy un alemán y los alemanes que soy un judío.

ALBERT EINSTEIN

1. Una notable hazaña

Cuando todavía faltaban poco más de tres décadas para entrar en el siglo XX, el impresionante edificio de la ciencia newtoniana alcanzó una nueva culminación: en 1864 James Maxwell (1831-1879) exhibió una formidable síntesis: de golpe y con cuatro ecuaciones, resumió dos siglos y medio de experimentación y logró explicar todos los fenómenos eléctricos y magnéticos conocidos hasta entonces, mostrando, de paso, que electricidad y magnetismo no eran sino dos caras de una misma moneda. Fue una hazaña grandiosa, a la manera de Newton. De pronto, una región entera de la física y del conocimiento se estructuraba matemáticamente, como había previsto y querido Galileo.

Claro que tuvo sus colofones increíbles, porque operando con las ecuaciones y combinándolas, Maxwell obtuvo una ecuación idéntica a la que describía el desplazamiento mecánico de las ondas. Fiel y leal a la idea de que el libro de la naturaleza está escrito con caracteres matemáticos (y que además traduce a la naturaleza real), concluyó que si en el electromagnetismo aparecía la ecuación de las ondas, entonces tenían que existir ondas electromagnéticas. Fue una predicción sensacional: nueve años después de su muerte, en 1888, Heinrich Hertz (1857-1894) logró emitir una señal y recibirla pocos metros más allá dentro de su laboratorio. Era la primera transmisión humana de una onda electromagnética en la historia. Ya estaban allí la radio, la televisión y las señales enviadas por las naves que exploran los límites del sistema solar.

Maxwell tuvo una segunda intuición genial: sugirió que la luz también era una onda electromagnética, esto es, campos eléctricos y magnéticos que vibraban y se perseguían en el éter, esa sustancia invisible, inodora, insípida, perfectamente porosa, totalmente elástica cuando hacía falta y por completo rígida si era necesario, y que, casi como principio de fe, llenaba uniformemente el espacio desde los tiempos de Aristóteles.

2. El electromagnetismo abre una interesante posibilidad

El principio de relatividad de Galileo, piedra de toque de la ciencia moderna y perfectamente establecido desde el siglo XVII, base también de los *Principia* de Newton, dejaba bien en claro que el movimiento rectilíneo y uniforme era siempre relativo y que ningún experimento mecánico permite detectarlo: nada de lo que ocurre dentro de un avión que viaja a velocidad crucero demuestra que se está moviendo. A pesar de que, visto desde fuera, el primer sorbo de café que toma un pasajero y el segundo están separados por muchos kilómetros, para el pasajero ni su taza ni él mismo se han movido. En un sistema en movimiento rectilíneo y uniforme (es decir, con velocidad constante), todo ocurre de la misma manera que si estuviera en reposo.

Newton aceptaba el principio y relegaba el concepto de «reposo absoluto» para el espacio en su conjunto. El «espacio mismo», estaba en «reposo absoluto», aunque advertía de que ningún experimento mecánico detecta el movimiento rectilíneo y uniforme respecto a ese espacio absoluto inmóvil (las ecuaciones newtonianas no distinguen entre reposo y movimiento rectilíneo y uniforme). No había manera de demostrar, por ejemplo, el movimiento de traslación de la Tierra mediante un experimento mecánico, del mismo modo que es imposible demostrar, dentro de un avión, que se está moviendo. La mecánica era taxativa.

Pero las ecuaciones de Maxwell también eran taxativas. Ellas sí distinguían entre reposo y movimiento y predecían que el comportamiento de un rayo de luz debía ser diferente según el sistema (reposo o movimiento).

Esto es, después de todo, había una manera de medir el movimiento absoluto de la Tierra a través del espacio absoluto. Ningún experimento mecánico podía detectarlo, pero un experimento electromagnético sí tenía que poder hacerlo.

Es justamente lo que se propusieron Albert Michelson (1852-1931) y Edward Morley (1838-1923).

3. Michelson y Morley fracasan y no detectan nada

Puesto que el espacio estaba lleno uniformemente de éter, la Tierra, al atravesar ese invisible océano en reposo, debía recibir una corriente de éter en sentido contrario como la que recibe un barco a medida que avanza o el viento que entra por la ventanilla de un automóvil que corre por la autopista. Entonces, si se envía un rayo de luz en sentido contrario a la corriente, el «viento de éter» lo retrasará, de la misma manera que la corriente de un río es capaz de retrasar una barca, y el retraso debía poder predecirse. Medir el «retraso de éter» de un rayo de luz debía ser lo mismo que medir el movimiento absoluto de la Tierra a través del espacio inmóvil.

Michelson imaginó un experimento que utilizaba pulsos de luz. Envió un único rayo de luz dividido en dos, uno paralelo y otro perpendicular al movimiento de la Tierra; ambos rayos se reflejaban en espejos y volvían; los experimentadores calculaban que, dado que el rayo perpendicular no era afectado por el viento de éter, llegarían ligeramente desfasados al punto de partida, donde se registraría una interferencia. El aparato era muy sensible: bastaba con que el viento de éter tuviera una velocidad de al menos 3 km/s respecto del laboratorio, muy inferior a la de la Tierra (30 km/s —alrededor de 100.000 km/h—). No había manera de que se escapara.

Y sin embargo, no se detectó ningún arrastre de éter. Los rayos se reflejaron y volvieron juntos. Michelson repitió el experimento una y otra vez, pero el rayo de luz no parecía inmutarse ni siquiera mínimamente por el hecho de que hubiera una corriente de éter en contra.

La situación era grave, ya que se había producido un choque evidente entre la empiria y la teoría; entre el electromagnetismo que predecía un arrastre de éter, y la experimentación, que no lo encontraba, uno de esos choques que se arreglan con parches que no convencen a nadie, mientras crecen el malestar y el desasosiego. La física y, por lo tanto, la imagen del mundo, entraban en un atolladero y en una zona de inestabilidad.

4. Vale la pena asumir los riesgos de la analogía

El experimento de Michelson-Morley, además de poner en entredicho una teoría maravillosa como el electromagnetismo, causó sorpresa, una enorme sorpresa. Y para percibir su magnitud, vale la pena intentar la analogía, tan distante de la metáfora, que alimenta a la poesía o a la narración, que estructura la vida humana y la historia. La analogía tiene contactos —tenues y distinguidos— con la alegoría, esa derivación dudosa del arte y el panfleto, ese producto de la literatura tantas veces necesario.

Un automóvil se detiene a poner gasolina en una estación de servicio y en un día perfectamente tranquilo: ni una brizna de hierba se conmueve, ni una brisa turba el enorme océano de aire en reposo que rodea el bello mundo de los viajeros, que por la radio escuchan, aquietados, un coral del infinito e inagotable Juan

Sebastián Bach. Terminada la faena, el coche arranca y alcanza la nada prudente velocidad de 150 km/h en la autopista.

Naturalmente, dentro del automóvil, no habrá experimento mecánico alguno que demuestre el movimiento una vez que se alcance una velocidad estable, y los objetos del interior del automóvil permanecen (para los viajeros) en absoluto reposo: el libro sobre las rodillas, la moneda que se tira al aire y se recoge, mientras atraviesan el océano de aire en reposo que los rodea.

Pero todos saben que apenas intenten un experimento electromagnético, esto es, un experimento que se desarrolle en el aire que se desplaza a 150 km/h hacia atrás, podrán darse cuenta de que el coche está en movimiento: basta sacar una mano por la ventanilla y comprobar cómo el viento la golpea.

Pero al sacar la mano por la ventanilla en ese mundo electromagnético, no se siente ninguna corriente de aire, el aire está tan en reposo como cuando se encontraba detenido en la estación de servicio. Y si se abren las ventanillas, no habrá corriente alguna que haga volar los papeles del interior, o que modifique las cosas, o que haga que el sonido se propague en el aire dentro del coche de una manera diferente. Y lo mismo ocurre con todos los coches que circulan por la autopista, sin importar la velocidad a la que se muevan o que estén parados en el arcén: quien saque una mano por la ventanilla o la abra encontrará que el aire externo está en reposo.

Para Michelson y Morley y el electromagnetismo de entonces, la Tierra era el automóvil que recorría a toda velocidad un mar de éter en reposo; y cuando los dos físicos sacaron la mano con sus aparatos, encontraron que el éter estaba tan en reposo como si la Tierra estuviera quieta y que era incapaz de modificar el comportamiento de un rayo de luz.

Nadie debe extrañarse de que el asunto pareciera extraño, incomprensible y desconcertante y que se considerara urgente encontrar alguna solución.

5. Algo ocurre en la oficina de patentes

En 1903 ingresó en la oficina de patentes de Berna (Suiza), como perito de tercera clase, un muchacho de 24 años y de nombre Albert Einstein (1879-1955). Había nacido en Ulm y tenía dos años cuando Michelson iniciaba su seguidilla de experimentos sobre el éter y la luz. Estaba terminando su doctorado en física y, probablemente sin demasiadas cosas interesantes que hacer, se dedicaba a reflexionar sobre las cuestiones que preocupaban a los físicos de aquel entonces: el éter, el movimiento absoluto, las propuestas de Planck, el movimiento browniano.

Desde la cómoda perspectiva que da el tiempo, podría parecer que se preparaba para el año 1905, crucial en la historia de la ciencia del siglo XX. Ese *annus mirabilis* publicó cinco trabajos en los *Annalen der Physik*.

El primero, recibido por la revista el 18 de marzo de 1905, tomaba la teoría recientemente formulada por Max Planck (1858-1947), sobre los cuantos de energía, que sostenía que la energía no se emitía de manera continua sino discreta, un principio que extendía a la luz. Sobre ese trabajo descansa toda la mecánica cuántica y toda la física atómica de la primera mitad del siglo XX y fue este trabajo el que le valió el Premio Nobel que habría de recibir en 1921.

El segundo (finales de abril) se titulaba «Una nueva determinación sobre las dimensiones moleculares» y era su disertación doctoral sobre la determinación de la cantidad de moléculas de azúcar en un cierto volumen de agua y el tamaño de las moléculas.

El tercero (principios de mayo) enfrentaba problemas que eran una herencia del siglo XIX: el movimiento browniano. Einstein lo cerraba de una vez por todas y predecía, entre otras cosas, que el movimiento errático de las partículas suspendidas en el agua se debía al golpeteo de miles de moléculas (de agua) y debía poder observarse en un microscopio. Para muchos este trabajo fue el que convenció a todo el mundo de la existencia efectiva de átomos y moléculas.

El cuarto (finales de junio) abordaba el problema planteado por el experimento de Michelson y Morley, aunque sus autores no son citados en el trabajo, y tenía un título en apariencia abstruso, «Sobre la electrodinámica de los cuerpos en movimiento», pero en la historia y la ciencia quedaría con un nombre mucho más sonoro y elocuente: teoría de la relatividad.

En su trabajo, Einstein enfrentaba los problemas del movimiento absoluto, el electromagnetismo y sus derivados con una solución original y una visión del mundo radicalmente distinta a la que había reinado hasta entonces.

6. Einstein revisa las ideas de espacio y tiempo

Durante esos años de preparación, Einstein había reflexionado cuidadosamente sobre los conceptos corrientes de espacio y tiempo y había llegado a la conclusión de que era necesario revisarlos.

Ahora bien, reformar las ideas sobre el espacio y el tiempo era iniciar una revolución conceptual (de la misma manera que revisar las ideas de espacio y tiempo medievales había llevado a la construcción de la ciencia moderna). El espacio físico y el tiempo matemático newtonianos presuponían que existían intervalos espaciales, lapsos temporales, masas y energías idénticos para todos los observadores («objetivos», si se quiere): existía un reloj que daba la hora universal; un segundo era un segundo y un metro era un metro, en cualquier lugar y momento del universo. El espacio, por su parte, estaba uniformemente lleno de éter inmóvil, en reposo absoluto, y dentro del espacio sucedían los fenómenos.

Espacio, tiempo, masa y energía por un lado, previos a los fenómenos, que eran independientes de ellos: era éste el escenario epistemológico y metafísico que había permitido construir el magnífico edificio de la física y dar cuenta de todos los eventos conocidos; aunque, a decir verdad, no de la falta de «arrastre de éter» en el experimento de Michelson y Morley. Tampoco, en realidad, de un desconcertante comportamiento del planeta Mercurio: su perihelio —el punto de su órbita más cercano al Sol— se desplazaba 42 segundos de arco por siglo, un desplazamiento que no surgía de las ecuaciones de Newton. Durante un tiempo se especuló con la existencia de un planeta —al que incluso se puso nombre, Vulcano— entre Mercurio y el Sol, que con su gravitación era el responsable del movimiento del perihelio, pero que nunca pudo ser encontrado. Eran fenómenos laterales, si se quiere.

Einstein barre este plácido y hasta cierto punto seguro paisaje tan bien establecido y al que dos siglos de funcionamiento no habían desgastado. Rompe con la idea de un tiempo único y un espacio único: no hay un reloj idéntico para todos los observadores, que serán incapaces de ponerse de acuerdo sobre la marcha de los relojes, las duraciones de tiempo y las distancias. Cada observador tendrá su reloj y su regla de medir y no valen más unas que otras. El espacio y el tiempo empiezan a estar atados a los fenómenos y a depender de ellos.

Sólo habrán de coincidir en una cosa los observadores: el valor de la velocidad de la luz en el vacío, idéntico para todos: «Introduciremos (un) postulado, a saber, que la luz se propaga siempre en el espacio vacío con una velocidad que es independiente del cuerpo emisor».

La luz siempre viaja a la misma velocidad en el vacío y así la miden todos los observadores, independiente de sus diferentes sistemas de referencia inerciales (en movimiento rectilíneo y uniforme)... Es bastante decir, si se piensa que si alguien va corriendo a 200.000 km/s al lado de un rayo de luz que se mueve a 300.0000 km/s, no lo ve moverse a 100.000 (como ocurriría en un marco newtoniano), sino a ¡300.000! Y en el improbable caso de que alguien pudiera correr a la misma velocidad de la luz, no la vería quieta, sino moviéndose ¡también a 300.000 km/s!

7. Relatividad de la simultaneidad

Pero el principio de constancia de la velocidad de la luz implica abandonar la idea de un tiempo único. Imaginemos, dice Einstein, que hay un tren en marcha a muy altas velocidades y un observador situado en el medio de un vagón lanza dos rayos de luz simultáneos hacia las puntas del vagón, provistas de células fotoeléctricas: verá que ambas se abren al mismo tiempo.

Pero un observador fuera del tren verá algo muy distinto. Puesto que la velocidad de la luz no es modificada por el movimiento del tren (como sí lo sería en el sistema newtoniano), observará que la puerta trasera se acerca al rayo y la delantera se aleja y, por lo tanto, para él la trasera se abrirá antes y la delantera después.

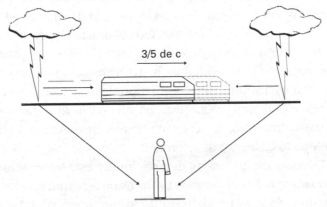

c = velocidad de la luz (300.000 km/s)

Esto es, lo que para el observador en el tren es simultáneo, para un observador externo no lo es. Pero no es que un «tiempo» sea más verdadero que el otro. Razonamientos similares llevan a la conclusión de que, para quien mira desde fuera, los intervalos de tiempo son más largos dentro del tren y las distancias más cortas.

8. El principio de relatividad

En su trabajo de 1905, Einstein extiende el principio de relatividad a toda la física: «...los infructuosos intentos de detectar un movimiento respecto al éter lumínico llevan a la conjetura de que ni los fenómenos de la mecánica ni los de la electrodinámica (el electromagnetismo) tienen propiedades que correspondan al concepto de reposo absoluto».

«...Elevaremos esta conjetura (cuyo contenido será denominado en adelante "el principio de relatividad") al estatus de un postulado.»

Ningún experimento, ni mecánico, ni electromagnético, ni óptico (ni de ningún tipo, en realidad) permite distinguir entre el reposo y el movimiento rectilíneo y uniforme. Es decir, incorpora el electromagnetismo al principio de Galileo. Por eso el experimento de Michelson y Morley no había detectado ningún viento de éter, ni retraso en los rayos de luz: el principio de relatividad lo prohibía.

En cierto modo, la teoría de la relatividad establece que los movimientos son relativos, pero las leyes de la física (y la velocidad de la luz en el vacío) son absolutas. Es casi una teoría del absoluto más que una teoría de lo relativo. Lo que ocurre es que el postulado de invariancia de la velocidad de la luz transforma en relativas otras magnitudes: los intervalos de tiempo, los espaciales y la masa. El espacio y el tiempo se mezclan en un continuo espacio-temporal de cuatro dimensiones, en el que el valor de metros y segundos depende de los sistemas de referencia.

Piénsese en la obra de demolición de este muchacho: ha destruido el espacio y el tiempo absolutos de Newton, ha extendido los principios de la relatividad a todos los fenómenos y ha establecido —eso sí— la velocidad de la luz como absoluta e idéntica para todos los observadores y como la velocidad tope a la que se puede mover cualquier objeto material o que transporte información.

9. El quinto trabajo: materia y energía

En septiembre de ese mismo año de 1905, Einstein presentó un nuevo trabajo (el quinto de esa gloriosa seguidilla) donde aborda el problema de la materia y la energía en el marco de la relatividad. Del mismo modo que el espacio y el tiempo se combinan en un continuo espacio-tiempo, lo que percibimos como materia o como energía son distintos aspectos de un mismo fenómeno, de un continuo de materia y energía, y su equivalencia está dada por la siguiente famosa fórmula:

$$e = m \cdot c^2$$

Cuando estalla una bomba atómica, parte de la masa de los átomos de uranio que se fisionan se transforma en energía, en la muchísima energía que se esconde en un poquito de materia: si un kilo de masa (aproximadamente un litro de agua) se transformara por completo en energía, sería suficiente para mantener encendidas 10 bombillas de 100 vatios durante un millón de años.

Así, la teoría especial de la relatividad modifica la estructura del mundo newtoniano que presentaba este escenario: el tiempo absoluto y matemático fluyendo sobre el espacio absolutamente inmóvil, y dentro de ese escenario, la materia y la energía, como fenómenos diferenciados. Para la teoría de la relatividad, la masa no es sino una forma más de la energía. Einstein destruyó el espacio y el tiempo absolutos y también la separación entre materia y energía. La revolución relativista es también una revolución ontológica, ya que cambia la clase de objetos que existen en el mundo y que son pasibles de reflexión científica. Era una nueva sacudida, probablemente sólo comparable a la había producido Newton 200 años antes.

¿Y el éter? Pobre: «La introducción de un éter lumínico se mostrará superflua, puesto que la idea que se va a introducir aquí no requiere de un espacio en reposo absoluto dotado de propiedades especiales».

Después de haber trabajado esforzadamente durante 2.000 años, llenando el espacio y manteniéndose inmóvil (en reposo absoluto) siendo soporte de todo aquello que se desconocía, el éter fue relegado al desván de las sustancias que nunca existieron.

10. La relatividad se pone general

La relatividad especial estaba restringida a los movimientos rectilíneos y uniformes. A partir de su publicación, Einstein se dedicó a trabajar para extender el principio de relatividad a todos los movimientos (acelerados, rotatorios) y a los campos gravitatorios. La gravitación era todo un problema para la relatividad especial, ya que la imposición de la velocidad de la luz como velocidad tope chocaba con la idea de la gravitación newtoniana que actuaba de manera instantánea, es decir, con velocidad infinita, en una flagrante violación del principio de relatividad.

Einstein necesitó diez años: en 1916 publicó la teoría de la relatividad general, bastante más compleja que la teoría especial, que extiende el principio de relatividad a todos los sistemas de referencia. Y en la que, además, se formula una nueva teoría de la gravitación.

La gravitación newtoniana era una fuerza que emanaba de los cuerpos y se propagaba instantáneamente; la gravitación que surge de la teoría general es una deformación del espacio y el tiempo por efecto de las masas que se propaga con la velocidad de la luz: el Sol, por ejemplo, curva y modifica el espacio y el tiempo a su alrededor, de la misma forma que una piedra curvaría un mantel sostenido sólo desde las puntas, haciendo que todo objeto caiga hacia la hondonada central como si fuera atraído por una fuerza que emanara de ella.

Si de repente apareciera una masa de la nada, en la teoría newtoniana también aparecería una fuerza de gravedad que, instantáneamente llegaría hasta los confines del universo; según la teoría general, al surgir una masa se altera la geometría del espacio-tiempo, se modifican las distancias y los intervalos de tiempo alrededor de esa masa y las modificaciones se expandirían con la velocidad de la luz.

Las masas alteran el espacio y el transcurrir del tiempo: los segundos se vuelven más largos en presencia de un campo gravitatorio; un reloj en la superficie del Sol funciona más despacio que en la Tierra, y en el borde de un agujero negro se detendría.

Era mucho decir.

11. El eclipse

Tal como se conocía en 1916, la teoría de la relatividad —tanto general como especial— era «teoría pura», no proponía ningún experimento que pudiera comprobar empíricamente lo que estaba diciendo, más allá de que solucionara los problemas derivados del experimento de Michelson-Morley. Al fin y al cabo, los efectos relativistas sólo se perciben a velocidades muy próximas a la de la luz o en condiciones que, en aquella época, eran por completo imposibles de alcanzar experimentalmente. Un coche que corre a 200 km/h se «contrae» menos de una milésima de milímetro. Para que la longitud de un cuerpo se reduzca a la mitad, debe moverse a ¡262.000 km/s!

Al final de su trabajo sobre la masa y la energía de 1905, Einstein señalaba: «No hay que descartar la posibilidad de poner a prueba esta teoría utilizando cuerpos cuyo contenido en energía es variable en alto grado (por ejemplo, sales de radio)», esperando que se pudiera detectar la variación de masa que tenía que acompañar a la emisión radiactiva, también fuera del rango experimental por entonces.

También proponía la verificación experimental de la relatividad general. Puesto que las masas modifican la curvatura del espacio-tiempo, y el espacio se curva alrededor del Sol, la luz debe seguir trayectorias curvilíneas.

«Un rayo de luz que pasa junto al Sol debe sufrir una desviación de 0,83 segundos de arco. Y la distancia angular de la estrella respecto del Sol [debe estar] aumentada en esta cantidad. Puesto que las estrellas fijas en regiones del cielo próximas al Sol son visibles durante los eclipses totales de Sol, esta consecuencia de la teoría puede compararse con la experiencia.»

Así, la teoría general hace una predicción importante: si las masas modifican el espacio y el tiempo, las rectas que pasan cerca de grandes masas tienen que curvarse y los objetos deberían verse desplazados.

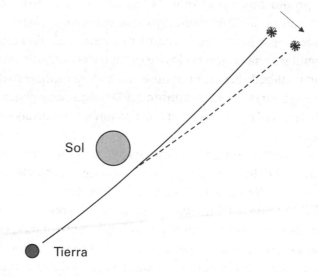

Curvatura de la luz (teoría de la relatividad)

Es lo que debería ocurrir con la luz proveniente de estrellas cercanas al Sol, pero que no se podían observar bien justamente porque el Sol impedía que se vieran. Pero durante un eclipse tenía que ser posible, y así ocurrió el 29 de mayo de 1919: dos expediciones británicas fotografiaron las estrellas próximas al Sol durante el eclipse total, una desde una isla al oeste de África y la otra desde Brasil.

El 6 de noviembre, en Londres se anunció que las observaciones confirmaban la predicción de Einstein. Al día siguiente, el *Times* de Londres lo publicaba en primera plana: «Revolución en la ciencia. Nueva teoría del universo. Las ideas de Newton destronadas». El 10 de noviembre aparece este titular en el *New York Times*: «La luz se curva. Triunfa la teoría de Einstein».

De la noche a la mañana, Einstein se convirtió en una celebridad mundial.

12. Newton, Einstein y los paradigmas: el significado de la relatividad

El estudio y la resolución de las ecuaciones de la relatividad general muy pronto mostraron que daban cuenta del misterioso movimiento del perihelio de Mercurio, que se convertía así en una prueba más. Desde entonces, las confirmaciones han sido múltiples: el alargamiento de los intervalos de tiempo y el aumento de las masas se han verificado experimentalmente; la transformación de la masa en energía, en las bombas atómicas y las centrales nucleares; el desvío de la luz por galaxias en el curioso fenómeno de las «lentes gravitatorias».

La introducción de la relatividad también permitió establecer mejores modelos del átomo: la concepción relativista del mundo hizo pie en el fondo de la física y de la filosofía.

La teoría de la relatividad, a pesar de no concordar con la mecánica newtoniana, no implica una ruptura tan grande como a veces se supone: se puede perfectamente entender como un refinamiento, como si Einstein le hubiera sacado un decimal más a la realidad.

De hecho, para velocidades bajas (típicas del mundo corriente y aun de los viajes a la Luna) no son necesarias las correcciones relativistas, que sólo aparecen cuando las velocidades se aproximan a la de la luz, como ocurre en los grandes aceleradores de partículas, por ejemplo. Con Newton se puede llegar a la Luna sin problemas.

Einstein fue, probablemente, el científico más importante del siglo XX y se convirtió prácticamente en el arquetipo del genio. La teoría de la relatividad es mucho más que una teoría: es una verdadera cosmovisión. El mundo de la física sintió el impacto. Era la época de los grandes descubrimientos y la revolución relativista complementaba la otra revolución que acababa de empezar: el descubrimiento del microcosmos atómico y nuclear.

La obra de Einstein está en la base misma de la física y de la ideología de nuestro tiempo. Fue la fórmula de Einstein sobre la equivalencia de la masa y la energía la que inspiró a Lise Meitner (1878-1968) para descifrar el misterio de la fisión del uranio. Fue el efecto fotoeléctrico descrito por Einstein en 1905 el que puso en marcha las ruedas de la mecánica cuántica. Y fue la teoría de la relatividad general de 1915 la que explicó la forma global del universo y permitió descubrir y, en muchos casos, prever fenómenos como la fuga de las galaxias, la expansión del universo, las lentes gravitatorias y los agujeros negros.

Capítulo 8
LA ESTRUCTURA DE LA TIERRA Y LA TEORÍA DE LA DERIVA CONTINENTAL

Robert Hooke

1. Diluvio en dificultades

Era fatal que en algún momento la revolución científica del siglo XVII, que imaginaba el mundo como un inmenso mecanismo, mirara alrededor y se preguntara por el origen de la Tierra, que en sólo cien años había pasado de ser un objeto único y central, casi teológico, al estatus de un planeta como los demás, un pedazo de materia flotando en el espacio, digno de convertirse en un apreciable objeto de estudio. Los hombres de la revolución científica se esforzaron por comprender la superficie terrestre, se preguntaron sobre la naturaleza de los fósiles y el origen de las montañas, y también investigaron y reflexionaron sobre los fenómenos y procesos naturales que afectan a la Tierra, como los terremotos, los volcanes o la erosión. Pero el aparato bíblico seguía imponiendo un marco rígido del que resultaba difícil zafarse, y dentro de ese aparato aparecía el diluvio, considerado el principal acontecimiento geológico. La persistencia, aún hoy, de la palabra «antediluviano» muestra la fuerza de la tradición.

Sin embargo, incluso el diluvio tenía sus dificultades: Thomas Burnett (1635-1715), que publicó *La sacra teoría de la Tierra* y se guiaba fielmente por la Biblia, hacía la sensata observación de que no había manera de que el diluvio universal hubiera cubierto toda la Tierra. La superficie de nuestro planeta es, aproximadamente, de 432 millones de kilómetros cuadrados. Si lloviera toda el agua contenida en la atmósfera (alrededor de un billón trescientos mil millones de litros, o 13.000 kilómetros cúbicos) sólo daría para una capa de menos de tres centímetros de espesor, que no sólo no tapería los altos montes, sino ni siquiera los bajos pastos de este mundo. Y además, ¿adónde había ido a parar el agua después?

Como era imposible para un religioso renunciar al diluvio, Burnett llegó a la conclusión de que el agua había venido desde abajo. Imaginó que en el momento de la creación, la Tierra era una esfera perfecta y paradisíaca, cubierta por una corteza de materia sólida, lisa y sin rasgos, con los océanos fluyendo por debajo de ella. La inundación ocurrió cuando la corteza se partió, los fragmentos se hundieron en el agua y los pedazos irregulares del caparazón original constituyeron el relieve de la Tierra que observamos hoy. La idea era, a la vez, una genialidad y un disparate, pero atrajo la atención del mismísimo Newton, muy afecto a divagaciones esotéricas.

Menos literal y mucho más sensato, Nicolás Steno (1638-1686), tras analizar las rocas sedimentarias (material que se compacta con el paso del tiempo y que puede incluso llegar a formar bloques sólidos) vio que están dispuestas en forma horizontal. Así determinó depósitos de distintas épocas, diferenciando incluso cuáles eran de antes y después del diluvio. También reconoció el origen orgánico de los fósiles, que todavía muchos renacentistas veían como producto de misteriosas fuerzas que operan dentro de las rocas y que consideraban meros objetos minerales. Sin renegar de la Biblia deliberadamente, Steno admitió que los fósiles encontrados en las rocas eran testimonios de algún episodio remoto que no aparecía en las Escrituras. Sus trabajos iniciaron el proceso de clasificación de las rocas; sin embargo, como las rocas eran descritas según su color, textura o incluso olor, era difícil comparar lo que encontraba cada recolector, a menos que se tuviera una muestra.

Quien sí descartó el diluvio de plano fue el francés Benoît de Maillet, contemporáneo de Burnett, quien también creía, como había sugerido Descartes, que la Tierra había sido un trozo desprendido del Sol y que se había enfriado lentamente. Su obra, firmada con seudónimo, circuló de forma clandestina después de su muerte. Maillet fue muy audaz para su época y calculó que la Tierra tenía unos 2.000 millones de años de antigüedad y que el mar venía retrocediendo desde entonces, como parecían demostrar las conchas marinas encontradas en las montañas.

Fue el omnipresente y ubicuo Robert Hooke el que puso un poco de orden científico en el interés por la Tierra. Contemporáneo de Newton, en su obra *Discurso sobre los terremotos* arriesgó una explicación sobre el origen orgánico de los fósiles, después de usar el microscopio para comparar la estructura de bosques fósiles y vivientes: básicamente eran lo mismo, aunque separados por mucho tiempo de diferencia. Y más aún: aquellos fósiles que aparecían en las montañas indicaban que la superficie terrestre había sufrido cambios profundos...

2. El diluvio se transforma en una teoría científica

Hooke no desafió la tenaz idea del diluvio. Pero sí lo hizo su gran contemporáneo, el filósofo y científico Gottfried Leibniz (1646-1716), quien imaginó un buen sustituto que iba a sacar a todo el mundo de apuros. Después de la creación, sugirió, todo el planeta había estado cubierto por un inmenso océano que se había ido retirando poco a poco para dejar atrás la tierra firme: este océano primitivo tenía disueltos los minerales que, al depositarse, se secaron, formaron las rocas, las montañas y todo lo demás. Fue el sustituto más popular del diluvio universal, por lo menos entre los geólogos que necesitaban justificar, por ejemplo, los restos submarinos que se encontraban en las montañas.

Casi todas las explicaciones que se dieron sobre el origen de la Tierra durante el siglo XVIII seguían esa línea: un gran océano originario que retrocedía paulatinamente y que recuperaba la vieja idea de Thales de Mileto de que el agua era el origen de todo, o el mar eterno e inaccesible del pensamiento hindú, donde nadaban las primitivas tortugas que sostenían el mundo.

El más grande de los teóricos del océano en retirada —teoría también llamada neptunismo (por Neptuno, el dios romano del mar)—, y quien le dio el estatus de verdadera teoría científica al plantearla con todo rigor, fue Abraham Gottlob Werner (1749-1817), profesor de la Escuela de Minería de Friburgo en Alemania, adonde afluían estudiantes de toda Europa ansiosos de escucharlo. Werner observó que algunas rocas se habían formado en el mar y, generalizando apresuradamente, atribuyó este origen a todas las rocas. Entonces, pensó Werner, cuando el gran océano antiguo se retiró, las rocas más antiguas quedaron expuestas al aire y sobre ellas se acumularon rocas nuevas, producto de la erosión, que se instalaron en capas sucesivas, formando las montañas y los accidentes geológicos. Era una teoría muy seria y que explicaba varios enigmas, como el hecho de que hubiera fósiles de animales marinos en las montañas o que el mar Báltico se hiciera cada vez menos profundo.

Sin embargo, la teoría tenía puntos muy flojos: para empezar, no quedaba claro de dónde había salido ese océano original, ni adónde iba a parar el agua sobrante a medida que el océano retrocedía. Y segundo —y fatal— no explicaba, o explicaba mal, la existencia de los volcanes. Werner no se inmutaba mucho por estos argumentos: pensaba que los volcanes eran fenómenos modernos y aislados y creía que las erupciones se debían a la combustión subterránea de hulla, una forma de carbón de piedra.

Sin embargo, sus propios discípulos, siguiendo los consejos de su maestro, salieron a ver el mundo y poco a poco demostraron que había volcanes muy antiguos, que muchas de las montañas actuales eran volcanes extinguidos y, como si esto fuera poco, comprobaron que la lava que salía de ellos no parecía ser muy distinta de las rocas que según Werner se originaban solamente en el mar.

A pesar de todo, la teoría aguantaba apoyándose en su capacidad de organizar los datos sobre los minerales, identificando cada grupo con un particular período en la formación de la corteza terrestre. Pero las dificultades que se acumulaban hicieron que en las primeras décadas del siglo xix la teoría del océano que se retiraba se retirara por completo, mientras la atención oscilaba hacia el otro extremo: el fuego.

3. Los plutonistas imaginan una Tierra que viene del fuego

La nueva teoría reemplazó el agua amable por los fuegos infernales y la acción de los volcanes. Neptuno fue destronado por Plutón, el dios del mundo subterráneo y rey de los infiernos.

Los plutonistas negaban que hubiera existido un gran océano universal y negaban que el agua fuera o hubiera sido fuente de cambio alguno. Aceptaban, como había hecho Benoît de Maillet, la idea de Descartes de que la Tierra era el resultado de una inmensa masa de fuego —desprendida probablemente del Sol debido al choque con un cometa— que se enfriaba paulatinamente. El centro de la Tierra continuaba siendo para ellos una inmensa fuente de calor y de allí venía el impulso geológico: la tierra firme no era otra cosa que roca fundida que se había abierto paso desde el mundo subterráneo y luego se había enfriado y endurecido. Para los plutonistas, los volcanes constituían la gran fuerza que mantenía las cosas en marcha.

El gran teórico del plutonismo fue James Hutton (1726-1797), un caballero del iluminismo, escocés y amigo de James Watt, el inventor de la máquina de vapor, y Adam Smith, el primer gran teórico del capitalismo. Hutton, muy creyente, pensaba que la erosión terminaría arrastrando toda la tierra firme al fondo del mar, y no podía aceptar que el Creador fuera a convertir la superficie terrestre en un lugar inhabitable: calculaba que tenía que haber mecanismos de regeneración y elevación de la corteza que compensaran el ciclo de erosión.

Y así, imaginó un eterno balance entre nacimiento y erosión, en el que permanentemente surgían nuevas rocas desde el mundo subterráneo, transformando el planeta en una máquina en movimiento perpetuo creada por la perfección divina. El resultado era «un sistema siempre renovable, sin atisbos de comienzo ni final». Muy pronto se demostró que ciertas rocas que según Werner sólo podían haberse formado en el mar, eran de origen volcánico. El químico y geólogo James Hall (1761-1832), amigo de Hutton, en un ataque de empirismo calentó granito en altos hornos y comprobó que se solidificaba a partir de un estado líquido. La roca provenía de un estado líquido..., como la lava. ¿Toda la roca se había producido de esta manera? Para que estas hipótesis funcionaran, hacía falta cambiar las escalas de tiempo.

4. Cambian las escalas de tiempo

Porque lo que estaba trabando el desarrollo de la geología, el verdadero palo en la rueda, era el asunto de la edad de la Tierra: mientras todo siguiera enmarañado en la leyenda bíblica, no había manera de explicar fenómenos que —se intuía— tenían que ser lentos y, por cierto, abarcar más de 4.000 años.

Pero la fuerza de las ideas arraigadas es muy grande. En el siglo XVII, y en plena revolución científica, por cierto, el arzobispo James Ussher (1581-1656), después de un concienzudo análisis de las Escrituras, a la manera de Burnett, determinó que la Tierra había sido creada el 22 de octubre del 4004 a. C. a las 6 de la tarde (aunque puede parecer —y es— extravagante, la fecha fue usada nada menos que en 1928 en el juicio que se le siguió en Estados Unidos a un maestro por enseñar la teoría de la evolución —véase el cap. 4—). Ussher llegó a esa conclusión estudiando muy seriamente la sucesión de las generaciones que se mencionan en la Biblia.

La teoría del océano en retirada, aunque un poco forzadamente, podía compatibilizarse más o menos con el relato bíblico, pero el modelo de Hutton, ya no. Cuando en 1785 propuso su hipótesis ante la Royal Society de Edimburgo hubo un escándalo: fue acusado de ateo, de negar la evidencia de la creación presente en las rocas y de ignorar la historia del diluvio —o inundación— catastrófico. Pero el marco bíblico era ya muy estrecho para las nuevas ideas y evidencias que no resistieron a la época del iluminismo y a la mirada newtoniana sobre el mundo.

El primero que arriesgó una cifra científica de la edad de la Tierra fue el naturalista francés George-Louis Leclerc, conde de Buffon, que calculó el tiempo que demoraría en enfriarse una esfera del tamaño de nuestro planeta hasta alcanzar la temperatura actual. El resultado fue 74.832 años, y la cifra produjo una conmoción: era difícil creer que la Tierra fuera tan antigua.

En 1830, Charles Lyell (1795-1875), publicó sus *Principios de geología*, un libro que resultaría inspirador para Darwin, en el cual se dejaba de lado cualquier interpretación religiosa del mundo para empezar a encararlo con una mirada puramente mecanicista: Lyell construía la geología a partir del principio de uniformidad; esto es, la idea de que los procesos de sedimentación, erosión y cambio geológico eran extremadamente lentos y que así habían sido siempre. Pensaba que a lo largo de la historia de nuestro planeta los mecanismos de cambio habían sido muy graduales y, sobre todo, los mismos que en el presente: los ríos cavan sus cañones a través de los siglos, las rocas son moldeadas por la lluvia a través de los milenios, las montañas se elevan con paciencia exasperante, por acción del fuego la corteza asciende sin que lo notemos y una cordillera puede tardar millones de años en formarse.

Millones de años... Parecía mucho decir. Pero John Phillips (1800-1874), uno de los seguidores de Lyell, basándose en el estudio de los estratos rocosos sugirió que la Tierra tenía 96 millones de años de edad. La cifra dada por Buffon parecía ya ridícula. En 1863 William Thomson (1824-1607), más conocido como lord Kelvin, retomando la idea de Buffon de la Tierra enfriándose obtuvo 98 millones... Tiempos bienvenidos para los darwinistas, ya que eran los que requería la teoría de la evolución. La cifra que casi todo el siglo XIX aceptó para la historia de la Tierra fue de alrededor de cien millones de años.

Parecía muchísimo y, sin embargo, era muy poco. Hacia principios del siglo XX, cuando entraron en acción los mucho más precisos métodos de datación radiactiva, el inglés Arthur Holmes (1890-1965) hizo una estimación de 1.600 millones de años. Ya era monstruoso, pero seguía siendo poco. El mismo Holmes más tarde elevó el número a 4.500 millones de años, una cifra aceptada hoy en día...

5. Una idea visionaria

Aunque a lo largo del siglo XIX se habían estabilizado los sistemas de clasificación de las rocas y la historia de la Tierra empezaba a cimentarse con firmeza, faltaba una teoría general que englobara todos los fenómenos.

En 1912 el meteorólogo y geólogo Alfred Wegener (1880-1930) propuso la idea de que los continentes alguna vez habían estado comprimidos en un solo protocontinente, al que llamó Pangea («todas las tierras»), que a lo largo del tiempo se había partido formando los continentes actuales, que se habían «movido» hasta el lugar que ocupan ahora y que, en principio, seguían moviéndose. Wegener partía del hecho desconcertante de que las costas de África y América del Sur parecen encajar como si fueran las piezas separadas de un rompecabezas y pensaba que los continentes, formados por rocas más livianas, flotaban sobre la capa más profunda y pesada del lecho oceánico, sobre el cual se desplazaban. Calculaba que Pangea había permanecido intacta hasta hace alrededor de 300 millones de años, cuando comenzó a romperse y separarse.

La biología traía información de apoyo: fósiles de animales más o menos parecidos y del mismo período de tiempo se podían encontrar tanto en América del Sur como en África y se observaba que, después, esas líneas habían divergido, dando testimonio de algún tipo de separación. Lo mismo ocurría también entre Europa y América del Norte, y Madagascar e India. La teoría acerca de la deriva de los continentes parecía más plausible que los hipotéticos puentes terrestres que habrían conectado a los continentes. En su favor también estaban las evidencias de una glaciación continental en América del Sur y África, en la que se encontraron las estrías dejadas por los glaciares al bajar sobre la superficie terrestre; y varios otros rastros de similitud geográfica y temporal en ambos continentes también abonaban la idea de que habían estado unidos. Además, la hipótesis de la deriva también proveía una explicación interesante para la formación de las montañas: si los continentes se movían hasta encontrar un límite que les ofreciera resistencia, su superficie se plegaría formando cordilleras, de la misma manera que se pliega un mantel que se desliza sobre una superficie y encuentra un obstáculo. La Sierra Nevada sobre el océano Pacífico en América del Norte y los Andes en el Sur se citaban como ejemplo. Wegener también sugirió que la India se había desplazado hacia el interior del continente asiático formando así la cordillera del Himalaya.

6. Pero no: la idea tiene un defecto fundamental

La hipótesis de la deriva continental tuvo poco éxito y, en general, no fue muy bien recibida por la comunidad geológica. La verdad es que tenía un gran defecto: Wegener era incapaz de proponer un mecanismo que explicara los motivos de esta deriva y la forma en que los continentes podían vencer la enorme fricción que implicaba arrastrarse sobre el lecho marítimo, aunque ensayó algunas posibilidades: la rotación terrestre —sugirió— genera una fuerza centrífuga hacia el ecuador; Pangea se había originado cerca del polo Sur y esa fuerza centrífuga había producido un quebramiento en el protocontinente. Sin embargo, el cálculo de las fuerzas generadas por la rotación terrestre mostró que eran demasiado leves como para provocar semejantes desplazamientos.

También intentó explicar el movimiento del continente americano hacia el oeste apelando a las fuerzas gravitatorias del Sol y de la Luna, pero el cálculo tampoco resultaba. La teoría de Wegener podía dar cuenta de algunas cosas, pero le faltaba lo fundamental, es decir, explicar cómo podía ser que los continentes anduvieran a la deriva, en un momento en que en la geología prevalecía una visión estática sobre el interior de la Tierra.

Y así, la cosa no funcionaba.

7. Aparece una posibilidad: las placas tectónicas

Sin embargo, en 1929, más o menos en la época en la que Wegener dejaba de ser tenido en cuenta y un año antes de su muerte, Arthur Holmes trabajó una hipótesis diferente: bajo la corteza, existía un mar de roca fundida (el manto) y dentro del manto, las zonas más profundas y calientes ascendían en forma de corrientes de lava elevándose desde lo profundo, hasta enfriarse y volver a caer, formando verdaderos chorros de roca ardiendo que ascienden y luego bajan. El proceso de enfriamiento y calentamiento repetido en

muchas ocasiones tiene como resultado una corriente suficientemente fuerte como para mover los continentes.

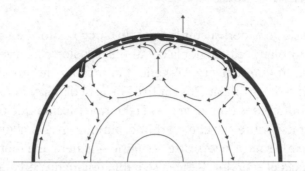

Holmes sugirió que esta convexión térmica funcionaba como
una cinta transportadora y que la presión ascendente podía romper
un continente en direcciones opuestas.

Tenía sentido, pero todavía los geólogos creían firmemente en
un interior de la Tierra estático y la propuesta de Holmes rompía
demasiado drásticamente con esa convicción, sin demasiada evidencia concreta.

Pero después de la Segunda Guerra Mundial, se intensificó el estudio del fondo oceánico y del magnetismo remanente que el campo magnético de la Tierra dejaba en las rocas (las potencias tenían
interés en el desarrollo de técnicas que permitieran detectar submarinos y minas magnéticas). Por un lado, se pudo observar que
los patrones magnéticos impresos en las rocas, efectivamente, se
disponían de un modo tal que apoyaban la hipótesis de la deriva. Y
la detección de rasgos como fisuras oceánicas sugería que, en efecto, la convexión podía estar funcionando. Semejantes descubrimientos (y otros) llevaron a Harry Hess (1906-1969) y a Robert Dietz
(1914-1995) a publicar la hipótesis basada en las corrientes de con-
vección del manto, conocida como *sea floor spreading*, algo así
como «dispersión del lecho marítimo». Era básicamente lo mismo
que había propuesto Holmes más o menos 30 años antes, pero ahora había mucha más evidencia como para apoyar la idea.

En 1967 Dan McKenzie (n. 1942) utilizó por primera vez el término «placas» en un artículo de la revista *Nature* para describir esos
bloques macizos que «flotaban» sobre el manto: fue la partida de

nacimiento que le faltaba a la criatura que poco a poco comenzó a ser aceptada en el mundo científico.

El funcionamiento de este modelo en la actualidad está fuertemente establecido y comprobado y es relativamente simple. La corteza está dividida en alrededor de una docena de placas, que pueden tener tanto continentes visibles en la superficie como lechos marítimos y que se tocan unas con otras. Las placas flotan sobre el «manto», un mar de roca fundida que cuando sale por los volcanes se llama magma o lava. Dentro del manto se producen corrientes de roca que arrastran las placas de la corteza hasta que chocan y comienzan a superponerse, como explicaba Wegener. La que queda abajo se calienta, funde y mezcla con el manto. Mientras, en el fondo de los océanos surgen nuevos trozos de manto enfriado, es decir, de roca. ¿Por qué surge roca nueva? Cuando una placa se desplaza se aleja de otra y se produce una fisura. Por ahí aflora el manto en forma de magma y se va formando nueva corteza.

Así se explican océanos y montañas. El océano Atlántico se formó durante los últimos millones de años porque las placas de América y África se separan unos dos centímetros por año. Y Wegener tenía razón: el Himalaya, la cadena montañosa más alta del mundo, es consecuencia del choque de la placa indoaustraliana que empuja contra la placa euroasiática. Lo mismo ocurre con la cordillera de los Andes, consecuencia del choque entre las placas de Sudamérica y la llamada placa de Nazca.

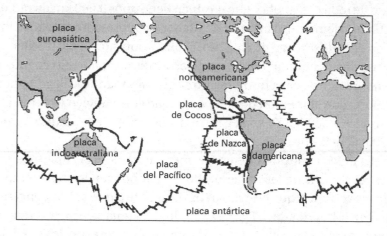

8. La estructura de la Tierra

La tectónica de placas redondeó la descripción del planeta y permitió dar respuesta a muchos y viejos enigmas: los terremotos, por ejemplo. La nueva teoría explicaba que las placas se desplazan despacio y cuando chocan juntan presión lentamente. Cuando ésta se hace demasiado intensa se produce un ajuste repentino que se traduce en una sacudida. Lo mismo puede decirse de las explosiones volcánicas que estallan por la enorme presión generada en las colisiones subterráneas. Las recientes explosiones del Etna se debieron a que Italia está en el borde de la placa africana, que empuja contra Europa haciendo subir los Alpes y estallar el volcán.

También se ha elaborado una razonable descripción de cómo es la Tierra por dentro. La corteza sobre la que vivimos es delgada: tiene apenas unos 100 km. Muy poco si se la compara con los 6.300 km de radio del planeta; en proporción, es menos que una piel de manzana respecto de toda la fruta. Debajo de esta corteza insignificante sobre la que vivimos se encuentra el «manto», que llega hasta los 3.000 km de profundidad y que está formado por rocas en distintos estados de fusión. Las rocas del manto, fundidas o semifundidas, fluyen lentamente, y gigantescas corrientes de roca más caliente que su entorno suben desde las profundidades.

Debajo mismo del manto está el núcleo terrestre que soporta el peso de todo el planeta y que también tiene unos 3.000 km de radio, aproximadamente el tamaño de Marte. Está formado de hierro, un poco de níquel y algo de oxígeno, azufre y potasio. La parte externa del núcleo es líquida (fluida) y su parte interna sólida. En cuanto a su temperatura, en la frontera entre corteza y manto se llega a unos 1.200 °C que aumentan poco a poco y que entre núcleo y manto alcanza los 4.500 °C. Ya en el centro del núcleo la temperatura es de 6.700 °C, más que en la superficie del Sol.

La única conexión que existe entre el manto y la superficie terrestre, además de los movimientos que producen los terremotos, son los volcanes, que funcionan básicamente como caños conectados con el interior de la Tierra. Cuando el magma sale por el cráter y entra en contacto con la atmósfera, empieza el desastre: los gases se liberan y las rocas fundidas salpican y arrasan todo lo que está a su alcance. Incluidas ciudades enteras.

Pero eso no era todo.

9. Un planeta con su historia

Una vez armada la tectónica de placas, con sus supercontinentes que se rompen, sus continentes que navegan y sus acuciantes cordilleras alzándose, sus volcanes mensajeros del desastre y con la avalancha de datos, mediciones, exploraciones, dataciones y otras «ones», cada vez más precisos, se pudo reconstruir la historia de ese planeta que llamamos Tierra: el sistema solar nació hace 4.500 millones de años, como una esfera de polvo estelar que rotaba alrededor del Sol recién nacido, que empezaba a transformar su enorme peso en gigantescas temperaturas en su centro y con ellas a fundir el hidrógeno para dar luz y calor.

Los pedazos de polvo chocando una y otra vez se adhirieron hasta formar piedras y fragmentos más grandes que siguieron creciendo hasta ser primero planetoides y luego planetas. Podemos soñar la primera imagen de la Tierra: una enorme esfera de hierro y níquel envuelta por un manto de roca en estado de fusión. En pocos millones de años más, en la parte superior del manto se formó una especie de costra que flotaba sobre la roca fundida, mientras el planeta entero era bombardeado por meteoritos.

La lluvia de meteoritos cesó 500 millones de años después. La Tierra tenía ya un manto y un núcleo, mientras la costra se fundía, volvía a subir y se enfriaba, reciclándose una y otra vez, acumulando materiales más pesados; había ya parches continentales más grandes y empezó a formarse la corteza oceánica. Mientras tanto, el agua lanzada como vapor por los volcanes elementales del principio y traída por los meteoritos del bombardeo llenaba los huecos; al parecer, para la época del fin de la lluvia de meteoritos, había ya océanos en este mundo primitivo y desolado, en cuya atmósfera faltaba por completo el oxígeno, que empezó a acumularse cuando apareció la vida en el mar, hace 3.500 millones de años.

Los primeros continentes eran pequeños y crecían despacio, pero 1.500 millones de años más tarde aparecieron los continentes verdaderamente grandes, hasta que fueron suficientemente pesados para partirse por su propio peso e iniciar el ciclo geológico de las placas tectónicas, agrupándose y rompiéndose una y otra vez.

Unos dos mil millones de años más tarde, el *Homo sapiens* evolucionó en uno de los continentes resultantes de la última fractura: África. Fue hace menos de un millón de años. Nada, apenas un suspiro en la inmutabilidad y serenidad de la roca.

Capítulo 9
LA GENÉTICA

Gregor Mendel

1. Tribulaciones del darwinismo

La gran teoría de la evolución de Darwin se convirtió en el eje de toda la biología, con una ley (la selección natural) que daba cuenta de la multiplicidad de la naturaleza. Pero tenía, sin embargo, sus puntos débiles. La selección natural actuaba sobre las variaciones naturales que aparecían en cada generación de una especie, conservando las «buenas» (las adaptativas) y descartando las «malas» (las menos adaptativas), en una acción que se arrastraba lentamente a lo largo de las eras. Pero ocurría que nadie —con una sola excepción— tenía la menor idea de cómo funcionaban los mecanismos de la herencia. Darwin, por ejemplo, creía que los caracteres de un individuo eran una especie de mezcla o promedio de los de sus progenitores, lo cual no dejaba de plantear un problema: ¿qué pasaba cuando emergía un rasgo adaptativo, pero el poseedor de ese rasgo se apareaba con individuos que no lo poseían? ¿Los rasgos nuevos no terminarían diluyéndose en el promedio general? Para salvar este inconveniente (que no era el único), los evolucionistas abandonaron en parte la idea de la selección natural actuando sobre individuos y pensaron en poblaciones portadoras del nuevo rasgo que se apareaban entre sí, perpetuándolo. Pero la solución era más bien oscura (por ejemplo: ¿de dónde salían poblaciones enteras con un rasgo nuevo?). La falta de una teoría sobre la herencia constituía sin duda el flanco débil de la concepción darwiniana. Al no poder explicar el origen de la diversidad de rasgos que permitía la acción de la selección natural, ni la manera en que esos rasgos, una vez seleccionados, se mantenían sin perderse a través de las generaciones, Darwin se vio obligado a parchear una y otra vez la teoría de la evolución introduciendo incluso dudosos elementos lamarckianos.

Y sin embargo, mientras Darwin se enfrentaba infructuosamente al problema, la solución empezaba a gestarse en un monasterio austríaco, donde un contemporáneo suyo estaba a punto de dar con las reglas básicas del mecanismo, primer paso para buscar el soporte material que permitía la herencia de características físicas.

2. En el jardín del monasterio, Mendel contaba guisantes

Así eran las cosas y así son muchas veces: aislado de todos los científicos de su época, un clérigo desconocido elaboraba las respuestas que necesitaba Darwin y que, dicho sea de paso, no dependían del desarrollo de grandes tecnologías (si se excluye la compleja y mal repartida tecnología de la paciencia). En una abadía agustina de Brünn, Austria en aquel entonces, vivía Gregor Mendel (1822-1884), el primer biólogo estadístico, por así decirlo, ya que combinó de manera brillante un puñado de reglas lógicas con sus conocimientos sobre historia natural.

Es cierto que desde siempre se sabía que las características de los padres eran determinantes en su descendencia: bastaba con observar una familia para notar las coincidencias. Pero fue Mendel el primero en comenzar a desvelar los mecanismos y leyes que intervenían en esa relación.

Las protagonistas, además de Mendel, son los guisantes, plantas fáciles de cultivar y que se hacen adultas en una estación. Tienen además la particularidad de ser autopolinizantes, es decir, que contienen todo lo necesario para su autorreproducción, sin necesidad de interactuar con otras. Algo debía sospechar nuestro monje, porque comenzó a experimentar abriendo las flores antes de que se desarrollaran del todo, para quitarles el polen propio e intercambiarlo con el de otra flor seleccionada para sus pruebas, forzando así su cruzamiento.

El hecho es que reunió 34 cepas de guisantes de toda Europa y afinó sus selecciones por medio de cruces forzados hasta obtener líneas o variedades puras, es decir, que durante generaciones venían dando una característica particular sin variaciones: altas, bajas, verdes, amarillas, gruesas, delgadas... En uno de sus experimentos mezcló plantas de semillas que habían sido exclusivamente amarillas con otras similares, pero verdes. El resultado fue una generación de plantas totalmente amarillas. Pero cuando volvió a mezclarlas, obtuvo una segunda generación de plantas con flores verdes en una proporción de 1 a 3. Obviamente, el carácter «verde» había permanecido oculto y latente en la generación amarilla.

La paciencia de Mendel era realmente monástica: después de generaciones de experimentación obtuvo una muestra de 8.023 plantas que dieron una proporción de 6.022 amarillas y 2.001 verdes; y después de realizar muchas observaciones más, llegó a algunas conclusiones.

— En primer lugar, había una especie de «unidades de herencia», capaces de transportar los rasgos de una generación a otra, y que Mendel llamó «factores hereditarios» y que se presentaban a pares: los padres contribuyen cada uno con uno.

— Hay «factores hereditarios» dominantes y recesivos. Cuando ambos rasgos heredados indican que el descendiente sea verde, la planta será verde, y si ambos indican que sea amarilla, será amarilla. Pero ¿qué pasa si uno indica verde y el otro amarillo? Mendel comprobó que en estos casos la planta sería amarilla, porque este color, de alguna manera, era más «fuerte» o «dominante», por así decirlo, que el verde, que es recesivo.

— Los factores recesivos no desaparecen, sino que quedan ahí, y pueden ser transmitidos a la descendencia, y así, estos ejemplares, que tenían un rasgo de cada tipo heredado de sus progenitores, pasarían en partes iguales los rasgos verdes y amarillos a su descendencia, lo que permitiría que éstos tengan en un caso los dos genes dominantes (como se llama a los más «fuertes»), en otro los dos recesivos (los «débiles») y en otros una mezcla. Sólo en el que tienen los dos recesivos la planta será verde.

Mendel había llegado a este secreto de la naturaleza sólo por la estadística, sin microscopios ni conocimientos de una ciencia genética que simplemente no existía. En los años siguientes extendió sus experimentos a otros fenotipos (rasgos observables), como plantas con semillas redondas o arrugadas, y elaboró toda una serie de «leyes descubiertas por los guisantes» que detallan más el mecanismo de la herencia en esa planta.

En 1865 presentó los resultados de ocho trabajosos años de investigación en una reunión de la Sociedad Natural de Brünn a una audiencia de científicos. Según consta en los registros de la charla, no hubo una sola pregunta. Al parecer estaban todos demasiado ansiosos por discutir el tema caliente del día: el origen de las especies de Darwin. Al año siguiente el artículo se publicó en la revista de la Sociedad Natural de Brünn, pero luego sólo quedó el silencio.

Para colmo, se frustró en sus siguientes experimentos, en los que sus teorías no pudieron avanzar. Según parece, envió su artículo a un botánico famoso de la época, Karl Naegeli (1817-1891), quien le recomendó experimentar con otra planta conocida como «oreja de ratón». Por desgracia, no encontró rastros de sus leyes al experimentar con estas plantas que, como se descubrió años más tarde, se reproducen sin fertilización ni entrecruzamiento de distintos ejemplares. Además, en 1868 fue elegido abad de su monasterio y quedó absorbido por las tareas administrativas. Murió en 1884, dos años después que Darwin, quien nunca supo de sus trabajos.

3. Una sustancia cualquiera

Pero la rueda seguía en marcha. A lo largo del siglo XIX, las células empezaron a ocupar el centro de la biología y a convertirse en la unidad, el «átomo» de la materia viva, en una época ansiosa de buscar unidades últimas, ya fuera en la química o en la electricidad. En 1838 Matthias Jakob Schleiden (1804-1881) definió a todas las plantas como agregados de seres separados, independientes e individuales, esto es, de células. El «todo» como la suma de partes mucho más sencillas era una idea original en su época aunque estaba a tono con lo que descubrían contemporáneos como Dalton o Thomson (véase el cap. 5).

Años más tarde, en 1869, el suizo Johann Friedrich Miescher (1844-1895), un químico que además trabajaba en un hospital de Tubingia, al sudoeste de Alemania, al que llegaban heridos de la guerra de Crimea, empezó a estudiar las secreciones en los vendajes. Rompió con enzimas digestivas la membrana celular de los glóbulos blancos en el pus de las heridas y encontró una sustancia que contenía fósforo y nitrógeno, hecha de moléculas en apariencia muy grandes y que se encontraban en el interior del núcleo de los glóbulos blancos. La llamó nucleína y, dado que una década más tarde se comprobó que tenía propiedades ácidas, se la redesignó como «ácido nucleico».

O mejor dicho, «ácidos nucleicos», porque había de dos tipos: uno que contenía el azúcar «ribosa» y el otro el azúcar «desoxirribosa». Y, por lo tanto, se llamaron ácido ribonucleico (ARN) y ácido desoxirribonucleico (ADN), respectivamente. Miescher, no abandonó sus ácidos. En 1889 aisló por primera vez el ADN del esperma de un salmón, con la sorprendente observación de que la cantidad de ADN en los espermatozoides fuera la mitad de la que había en las células normales. Cosa rara, pero nada más. Eran moléculas grandes, pesadas, gomosas, molestas e, incluso, poco simpáticas, con una indescifrable estructura y que, previsiblemente, no servían para nada. ¿A quién podían interesarle dos acidicuchos?

Allí se quedarían, esperando a que el mundo madurara lo suficiente para comprenderlos.

4. Cromosomas

Cosas que pasan, en 1880 un biólogo alemán llamado Walter Flemming (1843-1905), trabajando con las células, utilizó tintura roja y vio que se adhería a unas tiritas que aparecían en el núcleo y a las que, justamente por su capacidad de recibir el color, llamó «cromatina» (por *cromo*, «color» en griego). Desempeñaban, en apariencia, algún papel importante en el proceso de la división celular: la cromatina se agrupaba en forma de filamentos que emigraban a ambos lados de la célula mientras ésta se estrechaba por el medio y se dividía en dos —eso, al menos, veía Flemming en el microscopio—. Ocho años más tarde, el biólogo alemán Wilhelm von Waldeyer (1836-1921) llamó a los filamentos «cromosomas». Enseguida se pudo comprobar que cada especie tenía un número fijo de éstos (por ejemplo, el hombre tiene 23 pares), un número específico de esa especie. Pero además —¡oh sorpresa!— resultaba que en las células germinales había exactamente la mitad.

Se estaba resolviendo el rompecabezas.

5. Resucitan las leyes de Mendel

Los estudios sobre las células confluyeron con la resurrección de las investigaciones de Mendel, por parte de tres hombres al mismo tiempo, para trazar el sinuoso camino de la genética.

En los últimos años del siglo XIX, un botánico holandés llamado Hugo de Vries (1848-1935) llevaba cerca de 20 años cruzando un tipo especial de flores; cuando encontraba alguna con una particularidad llamativa la privilegiaba por encima de las otras. Después de algunas generaciones estas últimas habían sufrido lo que él llamó «mutaciones» y resultaba imposible cruzarlas con las originarias. ¡Justo lo que había imaginado Darwin, aunque sin poder demostrarlo experimentalmente!

Sus conclusiones se publicaron a finales de esa centuria en un libro que cayó en manos de Karl Correns (1864-1933), discípulo de Naegeli (aquel a quien Mendel había enviado sus trabajos). Ahora bien, Correns había comenzado a experimentar con guisantes y había llegado a conclusiones similares a las de Mendel. Al revisar los archivos de su maestro sobre el tema, se topó con la correspondencia de Mendel, y cuando leyó la obra de De Vries, rápidamente encontró una similitud, una enorme similitud con los resultados del monje, por lo que acusó a De Vries de plagio.

El susodicho tuvo que «aceptar» que había leído a Mendel poco antes de publicar su libro y que no lo había citado «porque no se había dado cuenta», aunque aseguró que «había llegado a las conclusiones por sí mismo». Fuera como fuera, en las siguientes publicaciones reconoció explícitamente la primacía del abad.

El tercer hombre fue el botánico austríaco Erich von Tschermak (1871-1962). También él realizó experimentos con guisantes y también él llegó a los mismos resultados que su compatriota había registrado unas décadas antes. Mientras escribía el informe de sus experimentos, Tschermak encontró una referencia al trabajo de Mendel que lo llevó a buscar la obra y pronto descubrió que el abad no sólo había llegado a las mismas conclusiones que él, sino que lo había superado. En 1900 los tres investigadores publicaron una suerte de reivindicación de la obra del monje agustino.

Así pues, las leyes de Mendel sufrieron una verdadera resurrección. Pero las leyes no daban ninguna respuesta (y ni siquiera una pista) acerca de la naturaleza de lo que Mendel había llamado «factores hereditarios».

6. Inventemos la palabra «genes»

Ahora había un principio organizador (las leyes de Mendel) y el asunto era avanzar para rodear los paquetitos de información que hacían que un guisante fuera verde o amarillo, que un pájaro tuviera el pico de tal o cual forma y que un chico fuera rubio o moreno y no un promedio, como creía Darwin.

Todo apuntaba a los cromosomas: al fin y al cabo, los cromosomas, como los factores hereditarios, aparecían a pares. En 1902 el estadounidense Walter Sutton (1877-1916), todavía un estudiante, escribió un par de trabajos que daban la demostración más temprana de cómo los cromosomas funcionan dividiéndose y volviéndose a juntar en un individuo nuevo y sugirió que este mecanismo podía dar cuenta de las leyes mendelianas.

Sin embargo, los cromosomas eran muy pocos, y si verdaderamente transportaban los factores hereditarios de los rasgos, cada cromosoma tenía que llevar muchísimos.

«Factores hereditarios»: la terminología empezaba a resultar pesada. El 31 de julio de 1906 durante la «Tercera conferencia de hibridación y reproducción de plantas» se aceptó la palabra «genética» con referencia al estudio de los fenómenos de la herencia y la variación, y en 1909 Wilhelm Johannsen (1857-1927), un fisiólogo vegetal, decidió que los factores hereditarios deberían recibir un nuevo nombre y los llamó «genes».

7. Aparecen candidatos firmes

Todos participaban en la carrera. Hacia el año 1908 Thomas Morgan (1866-1945) instauró un nuevo método de experimentación con moscas del vinagre (parecidas a las de la fruta), como se conoce habitualmente a la *Drosophila melanogaster*, y que tenían la ventaja de hacer todo su ciclo vital (desarrollo, reproducción y muerte) en dos semanas. Era una gran mejora frente a los guisantes: conseguir una nueva generación llevaba meses.

Morgan estaba seguro de que los cromosomas tenían mucho que ver con las leyes hereditarias y esto lo pudo demostrar sobre todo gracias a sus experimentos con la *Drosophila*, pero era obvio que los cromosomas no podían ser los genes, sino que, en todo caso, debían transportar verdaderos paquetes de genes, y apuntó a ciertos segmentos de los cromosomas que supuso que eran los «verdaderos genes». Herman Müller (1890-1967), por su parte, se preguntaba por qué si sólo se heredan rasgos paternos y maternos, cada tanto podían aparecer mutaciones sin antecedentes en la especie, y en 1923, tras numerosos experimentos en los que irradiaba los cromosomas con rayos X, concluyó que las mutaciones que se observan habitualmente son producto de una alteración aleatoria en los genes y cuyas consecuencias no se pueden pronosticar (al menos hasta ese momento). Entre 1926 y 1930, James Sumner (1887-1955) y John Northrop (1891-1987) explicaron que todas las enzimas responden a las leyes de la química y que son proteínas catalizadoras que permiten la producción de otras proteínas con distintas funciones para la vida. En realidad, lo que estaban intentando demostrar es que el cuerpo humano está regido por millones de pequeños procesos químicos que se pueden rastrear: era la misma postura de Louis Pasteur (véase el cap. 6).

Enzimas y proteínas, pero especialmente las proteínas, eran consideradas por todo el mundo como las mejores candidatas para ser los genes, los mensajeros de generación en generación.

Si en ese momento hubiera habido una elección, las proteínas hubieran ganado con diferencia.

8. Y entonces apareció Avery

Fue Oswald Avery (1877-1955), que sin duda quería probar que los genes eran simplemente proteínas, quien hizo el experimento decisivo.

En 1944 el buen Avery aisló extractos de células y comenzó a separar proteínas, lípidos, ácidos nucleicos y otros a fin de ver cuál era el principio fundamental que permitía seguir reproduciéndose a la bacteria objeto de estudio. Trabajaba con neumococos, los causantes de la neumonía, y aquí viene el asunto, porque había dos cepas. Una era suave, rodeada por una cápsula protectora; la otra, rugosa, sin cápsula. Por alguna razón, las bacterias rugosas no podían sintetizar la cápsula. Avery agregó a la cepa rugosa un extracto de la suave; instantáneamente, las rugosas empezaban a fabricar la cápsula. Obviamente, el extracto transportaba las instrucciones para fabricarla. Ahí tenían que estar las proteínas que acarreaban la información...

¡Pero no estaban! Al analizar el extracto, resultó —¡sorpresa!— que no había proteínas de ninguna clase. Había, eso sí, ácidos nucleicos.

La conclusión era obvia: eran las viejas y queridas moléculas de Miescher, el ARN y el ADN, los vehículos de la información hereditaria.

Empezaba una nueva época.

9. El asalto final: la doble hélice

Sabiendo que el secreto de la herencia se encerraba en el ARN y el ADN, en 1953 dos de los científicos más reconocidos del siglo xx, el estadounidense James Watson (n. 1928) y el británico Francis

Crick (1916-2004) se prepararon para el asalto final: detectar la estructura del ADN. El modelo indicaba una estructura en espiral de dos tiras. Cada tira es una larga cadena de fosfatos de los cuales cuelgan azúcares y bases: cada par azúcar-base es un nucleótido. Hay sólo cuatro nucleótidos diferentes, según la base que contengan (el azúcar es siempre el mismo). Las dos tiras de la doble hélice, por su parte, están unidas por hidrógenos. Cuando llega el momento de la reproducción, ambas tiras se separan y cada una fabrica una réplica.

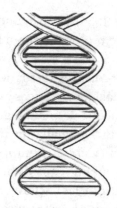

Este proceso complejo de copiado explicaba la replicación de los genes y, eventualmente, de todo el cromosoma.

10. El funcionamiento de los genes

Las cadenas de ADN tienen la forma de una escalera enroscada. Si tomáramos todas las cadenas que se encuentran en una sola célula humana y las uniéramos con la siguiente obtendríamos un cordón de cerca de 2 m de largo y de 20.000 millonésimas de centímetros de ancho.

Los laterales están hechos de grupos de azúcar y fosfato alternados. Los «escalones» están formados por bases nitrogenadas de adenina, guanina, citosina o timina, que se designan, respectivamente, A, G, C y T. Por sus características químicas, la A sólo se puede unir con la T y la G con la C, lo cual no deja tantas opciones de combinación.

Toda la información hereditaria, que especifica las características de un individuo, está contenida en los genes, que no son sino trozos de ácido desoxirribonucleico (ADN). Cada par azúcar-base es un nucleótido —hay cuatro diferentes—. Con estos cuatro nucleótidos, como si fueran las letras de un alfabeto, se escriben todas las instrucciones necesarias para la materia viviente, desde los virus a los elefantes, en secuencias como ATGTGAGGGGG, que como en un alfabeto morse muy especial especifican la forma en que cada célula fabrica proteínas.

Un gen es un trozo de ADN. Su longitud es variable, según la especie y la función: puede ir de unos pocos cientos a varios miles de nucleótidos seguidos, que se apelotonan en mucho menos que una milésima de milímetro. Una señal (una cierta combinación de nucleótidos) en la hebra indica que el gen comienza; una segunda señal, anuncia que empieza el mensaje genético: adenina, adenina, adenina, timina, guanina, citosina, guanina, adenina... (o, más abreviadamente, AAATGCGA...) y así durante varios cientos (o miles) de nucleótidos, hasta que una nueva señal anuncia el fin del mensaje y una última y cuarta señal informa a quien corresponda que allí termina el gen.

Puede parecer increíble, pero en esas secuencias está la información que permite que se forme un ojo en toda su complejidad, que se produzcan jugos gástricos o la forma en que una neurona debe contactarse con otras para, por ejemplo, leer estas líneas. Es un recetario de proteínas que se combinan con una complejidad pasmosa. Es mucha información y cada célula la tiene absolutamente toda, porque de hecho todo nuestro cuerpo proviene de una sola célula, formada por la unión de un óvulo y un espermatozoide que sufrió millones de divisiones celulares.

11. Reproducción y evolución: la teoría sintética

La fundación de la genética dio una nueva luz al darwinismo: si los caracteres pasan de generación en generación mediante unidades de herencia discretas, como los genes, el punto oscuro de la teoría de

Darwin quedaba aclarado. Los genes sufren de vez en cuando leves cambios al azar (mutaciones), que implican pequeñas modificaciones de los rasgos que transportan. Cuando se produce la mezcla de portadores de caracteres «buenos» y «malos», éstos no se mezclan en la descendencia, sino que aparecen puros en el nuevo individuo. La selección natural desecha a los portadores de genes con modificaciones «malas» y conserva a los que tienen genes «buenos», expandiendo, de esta manera, estos genes que sí se reproducen. Así, con la guía aportada por la genética —y no sin duro trabajo—, entre 1930 y 1940 se elaboró la teoría sintética (o síntesis neodarwiniana), que nuevamente dio una explicación completa de la evolución natural mediante los mecanismos mendelianos de la herencia y que uno de sus notorios constructores, Theodosius Dobzhansky (1900-1975), resumió así: «Evolución es un cambio en la composición genética de las poblaciones». Con la nueva síntesis, en principio, el problema de la evolución quedaba zanjado; los problemas restantes serían solucionados por la nueva genética de poblaciones.

Darwin podía, por fin, descansar feliz.

Capítulo 10
LA TEORÍA DEL BIG BANG Y
LA ESTRUCTURA DEL UNIVERSO

Georges Lemaître

1. Primero fueron el espacio y el tiempo

Quinientos años antes de nuestra era, el grande y querido Thales de Mileto sostuvo que el mundo se había originado en el agua; 25 siglos más tarde, Edwin Hubble (1889-1953) —en cuyo honor se nombró el que fuera hasta hace poco el telescopio más grande del mundo— escudriñaba el cielo, concentrándose en lo que se llamaban «nebulosas», manchas blancas y difusas sobre cuya naturaleza se discutía. Había quienes decían que se trataba de objetos de la Vía Láctea y había quienes sostenían, como mucho tiempo antes había sugerido Immanuel Kant (1724-1804) en su obra *Historia natural y teoría general del cielo*, que estaban fuera de ella y eran enjambres de estrellas idénticos a la Vía Láctea y que el universo estaba poblado por muchísimos agrupamientos similares.

Pero no había manera de zanjar la discusión, hasta que Hubble emprendió su trabajo titánico y logró demostrar que, efectivamente, las nebulosas eran otras galaxias (como también se llamaba a la Vía Láctea) tremendamente alejadas de la nuestra y que contenían también, cientos de miles de millones de estrellas agrupadas por la gravitación.

Pero no fue todo lo que vio.

Había una cosa rara con la luz de esas galaxias lejanas: aparecía enrojecida, «corrida hacia el rojo», como dicen los astrónomos.

Ahora bien, el corrimiento al rojo es el equivalente, en la luz, al corrimiento a los graves de un sonido cuando la fuente se aleja de nosotros. Hubble adelantó la increíble y sorprendente idea de que todas las galaxias se alejan de nuestro planeta a una velocidad proporcional a la distancia que nos separa de ellas. Las más lejanas que podían observarse en su época retrocedían a la respetable velocidad de 40.000 km/s, pero, a medida que los instrumentos se perfeccionaron y se alcanzaron regiones aún más distantes en el espacio profundo, pudieron verse galaxias que escapaban a 100.000 km/s y más..., ¡un tercio de la velocidad de la luz! Si bien a primera vista podría haberlo puesto un poco paranoico esa ansiedad de la materia del universo por alejarse de la Tierra, en realidad lo que demostraba esta observación era algo mucho más grandioso y extraño: que el universo entero estaba en expansión y que cada observador, en cualquiera de las galaxias, vería que las demás se alejan de él.

Ya es clásica la imagen de un globo, con manchas en su superficie, que se infla. Si uno se parara sobre cualquiera de esas manchas, vería que el resto de ellas se alejan y que lo hacen más rápido cuanto más lejos están. No es que cada galaxia en particular esté retrocediendo desde nuestro punto de vista, sino que el universo en su conjunto, el mismo que Tolomeo creyó limitado y finito, el que Newton imaginó como infinito y eterno, el que Einstein describió como finito, cerrado, ilimitado y estático, ese cosmos, después de haber sufrido tantos avatares, como un inmenso globo tridimensional, crece y se expande, arrastrando en su expansión a los objetos que lo conforman.

El descubrimiento de la expansión del universo fue como un fogonazo: se convirtió en el eje, en el concepto que organizó, en adelante, toda la cosmología y la impregnó de historia. El universo, aquel paisaje que pacientemente se descubría —y describía— aquel «lugar de todos los lugares», donde ocurrían los sucesos astronómicos, aquel escenario que cobijaba el transcurrir de la materia, se transformó en un objeto palpitante y en continuo cambio, en permanente modificación, en algo casi vivo, que tenía un pasado y que debía, a cada momento, responder por él.

El problema de lo que el universo era quedó ligado de manera indisoluble a lo que el universo había sido, y a la manera en que había empezado, porque en el universo en expansión no es posible la eternidad. Las galaxias no pudieron estar alejándose unas de otras desde siempre. A medida que se retrocediera en el tiempo, las galaxias deberían estar más y más próximas. La expansión tuvo que empezar alguna vez. Había que explorar hacia atrás, y allí, en el principio, sólo se avistaba una gran masa caliente y densa que concentraba toda la materia y energía.

Así fue como el sacerdote y astrónomo belga Georges Lemaître (1894-1966) elaboró en 1927 una teoría del origen del universo, al que imaginó en el principio como una esfera relativamente pequeña, del tamaño de 30 veces nuestro Sol, en la que estaba concentrado todo y a la que llamaba «huevo cósmico». Según Lemaître al explotar este gigantesco huevo, el Universo empezó a llenarse de materia y a transformarse en lo que es hoy.

En la década de 1940 George Gamow (1904-1968) elaboró una teoría más refinada y demostró cómo las interacciones nucleares que tenían lugar en el universo primitivo podrían haber convertido el hidrógeno en helio, lo que explicaba las proporciones de estos elementos en estrellas muy antiguas. Gamow publicó su idea en un artículo de 1948, donde se predecía que debía poder percibirse aún radiación de las etapas más tempranas y calientes del universo, una radiación que debía haberse enfriado desde entonces y que debería tener ahora unos 5 grados K (o sea, −268 °C).

Naturalmente, se trataba de una hipótesis altamente especulativa y respaldada por poca evidencia empírica; hasta el punto de que el nombre con que se la conoce —«Big Bang» o «gran explosión»— fue puesto con sorna por uno de sus más serios opositores, el astrónomo inglés Fred Hoyle (1915-2001).

Pero ocurrió que, en 1964, Arno Penzias y Robert Wilson, dos científicos de los laboratorios Bell, mientras trataban de calibrar una antena, descubrieron un «ruido» en la franja de microondas, de 3 grados K, que provenía de todas las direcciones y que no variaba ni de día ni de noche, ni con el transcurrir del año: era la radiación de Gamow, el grito del universo temprano.

La detección de la radiación de Gamow dio a la teoría del Big Bang un nuevo impulso, y desde entonces, la evidencia se acumuló hasta el punto de que es hoy una teoría firmemente asentada entre los cosmólogos.

2. El Big Bang

Así pudieron elaborar una teoría completa. O casi. Porque aunque el instante preciso del Big Bang, el «tiempo cero», se escurre todavía de las manos de físicos y astrónomos, la actual teoría cosmológica ha llegado bastante cerca, hasta el momento en que el universo tenía sólo una billonésima de trillonésima de trillonésima de segundo de edad. Era entonces más pequeño que un núcleo atómico, tenía una temperatura de un trillón de trillón de grados y las fuerzas que hoy mueven el universo (a nivel intraatómico y entre átomos) también estaban mezcladas en una superfuerza. La hazaña no es pequeña y tampoco lo es haber descrito con bastante coherencia lo que ocurrió desde entonces hasta hoy, mientras el Universo se expandía y enfriaba. La gravitación fue la primera en separarse de esa fuerza única. La fuerza nuclear fuerte fue la segunda y acto seguido el universo emprendió una etapa de expansión ultrarrápida —conocida como «etapa inflacionaria»— de la cual emergió con el tamaño de una naranja y como una sopa de quarks, leptones, fotones y sus respectivas antipartículas, nacidas durante la fase de expansión acelerada. Y entonces llegó el turno de la fuerza débil, y enseguida de la electromagnética, con lo cual las cuatro fuerzas de la naturaleza adquirieron su identidad actual.

Partículas y antipartículas se aniquilaron en gran escala transformándose en luz: un minúsculo predominio de las primeras sobre las segundas garantizó el triunfo de la materia sobre la antimateria.

Los quarks se unieron formando protones y neutrones, y el universo alcanzó el tamaño de una pelota de fútbol: pero todavía no tenía un segundo de edad.

Era tan denso que la luz no podía atravesarlo a través de la maraña de electrones y partículas que lo llenaban y lo tornaban opaco. Cuando el reloj indicó que ya habían pasado tres minutos desde el origen, este universo-bebé, que ya se había enfriado hasta el millón de grados, emprendió una infancia de cien mil años, durante la cual se formaron los primeros núcleos de helio y se generó la radiación de fondo. Los átomos deberían esperar aún a que la temperatura bajara lo suficiente como para que los núcleos pudieran captar y retener electrones.

La luz empezó a encontrar el paso libre y en adelante el cosmos fue transparente y oscuro. Era sólo cuestión de esperar.

Apenas cien millones de años más tarde, todo estaba bañado en un gas difuso de átomos de hidrógeno y helio: aquí y allá el gas se condensaba en grandes nubes bajo la acción gravitatoria, en cuyo interior, y llegado el momento, se encenderían las primeras y primitivas estrellas.

Las primeras estrellas duraron poco, apenas unos cientos de millones de años. Eran grandes, pesadas y explotaron como gigantescas supernovas que lanzaron toda la materia al espacio, y esa materia formó nuevas nebulosas que empezaron a contraerse por efecto de la gravitación. Hace 5.000 millones de años, una de esas estrellas se encendió y alrededor de ella una nube de polvo se concentró en planetas; el tercero de ellos formó una corteza y océanos, y allí las moléculas, después de mucho ensayo y error, inventaron una capaz de replicarse, transportando información genética (que 3.000 millones de años más tarde un monje paciente lograría descodificar) e iniciaron el ciclo de la selección natural. Luego se recubrieron de una membrana y formaron una célula que evolucionó hasta dar criaturas capaces de mirar a las estrellas y remontar la historia hasta adivinar los primeros instantes del universo.

3. Cosmogonía

Todas las culturas tuvieron su cosmogonía, desde las primitivas tortugas que sostenían al mundo, a la lucha de Tiamat, la serpiente esencial y Marduk, el dios babilónico del orden y la armonía; dioses desdibujados y tristes que fabricaban un mundo porque no tenían otra cosa que hacer. Pero el universo de hoy es muy complejo para dejarlo en manos de dioses que se confundirían y serían incapaces de lidiar con neutrones y neutrinos, con galaxias y con estrellas, esas máquinas maravillosas que transforman gravedad en luz y calor que irradian; dioses que sólo podían pensar en términos de bien y mal, de luz y oscuridad, incapaces de imaginar siquiera los delicados mecanismos de la vida y el sistema sutil por el que se transmite la herencia; dioses sin el ingenio de Mendel o la tenacidad de Pasteur o la visión abarcadora de Darwin, dioses temerosos, sin la audacia de Copérnico (si hubiera sido por los dioses, habrían dejado a la Tierra en el centro del mundo para siempre).

La teoría del Big Bang es hoy nuestra cosmogonía, provisional, como todo aquello que la razón descubre, comprueba, y sobre lo cual persevera; una teoría que pretende dar cuenta de todo lo que existe, todo lo que fue y todo lo que será, y que intenta describir cómo llegó a ser: el universo desaforado y múltiple, poblado por 100.000 millones de galaxias cada una con 100.000 millones de estrellas, que se esparcen como filamentos asombrosos.

En cierto modo, es la culminación del gigantesco rompecabezas que comenzó a montarse desde que Copérnico movió a la Tierra y los hombres de la revolución científica descifraron los mecanismos básicos del mundo; que creció con Lavoisier y la larga epopeya que arrancó con Dalton y se adentró en los secretos de la materia; que invadió la biología cuando Darwin logró describir la saga de la vida a través de las épocas, y Pasteur y Mendel inclinaron su mirada inteligente sobre sus minúsculos mecanismos; que se redondeó cuando Einstein barrió con las ideas de espacio y tiempo absolutos y estableció el fundamento de una nueva cosmología y la tectónica de placas ligó la historia y el presente de nuestro planeta a la historia del cosmos.

La teoría del Big Bang nos cuenta cómo de casi un punto de temperaturas infernales se llegó hasta un universo helado: su temperatura es hoy de 270 °C bajo cero. Y, además, vacío, ya que casi no hay materia, y de la que cerca de tres cuartos son hidrógeno, casi todo el otro cuarto es helio y sólo el 1% queda para los demás elementos, entre ellos los que forman al hombre.

Dentro de las galaxias funcionan esas máquinas que son las estrellas, en cuyo interior se fabrican los elementos más pesados como el carbono y el oxígeno, que con la muerte de las estrellas serán devueltos al espacio. Sin las enormes dosis de energía del centro de las estrellas sería imposible que se formaran átomos más complejos como el oxígeno, el carbono, por no hablar del uranio (que sólo se forma en las explosiones de estrellas).

Una de estas 100.000 millones de galaxias es la nuestra, la Vía Láctea que vemos cruzando el cielo en las noches oscuras y el Sol es una de las 100.000 millones de estrellas que la forman; muy lejos del centro, en un brazo en espiral.

Y a su alrededor giran los planetas. En la delgada costra de uno de ellos vivimos nosotros, en un mundo en el que somos absolutamente minoritarios frente a los insectos o a las bacterias, una especie reciente, de apenas tres millones de años de antigüedad, que mira asombrada ese universo que se expande y se expande y se enfría.

Dentro de 3.000 millones de años, Andrómeda y la Vía Láctea chocarán, fundiéndose en una supergalaxia.

Dentro de 5.000 millones de años, el Sol habrá agotado su combustible y, en su último suspiro, destruirá a los planetas más cercanos a él, como Mercurio, Venus y la Tierra, y se transformará primero en una esfera del tamaño de nuestro planeta, una enana negra de carbono y oxígeno.

Y mientras tanto, el universo se seguirá expandiendo y se irá haciendo menos denso; dentro de un millón de millones de años, los cúmulos galácticos que están cerca se van a fusionar entre sí, y las supergalaxias que resulten se alejarán ya unas de otras sin remedio.

Pero al mismo tiempo se irán agotando las reservas de hidrógeno de todo el universo y ya no se podrán crear nuevas estrellas; habrá un momento en que muera la última estrella que existe, y por lo tanto las supergalaxias no serán más que cementerios estelares sin brillo.

Y el universo continuará su expansión.

Sólo los agujeros negros, esos extraños objetos nacidos de la relatividad general, permanecerán ligeramente activos, pero también ellos se agotarán alguna vez.

Y el universo se seguirá expandiendo hasta que no queden siquiera agujeros negros.

Y quede solamente la nada y la radiación, cada vez más fría y más tenue, que se aproximará, sin saberlo, y sin llegar nunca al cero absoluto.

Y el universo se seguirá expandiendo y expandiendo sin fin.

Y será sólo pura inmensidad en expansión.

Que se expande y se expande.

Y se expande.

Y se expande.

Sólo nos queda la efímera satisfacción de haber entendido alguna vez algo.

Y esto es lo que llegamos a saber, desde el momento en que se encendió la luz del razonamiento mediante el golpe inteligente de dos piedras de sílex.

Bibliografía

Aydon, Ciril, *Historias curiosas de la ciencia*, Robinbook, Barcelona, 2006.

Boido, Guillermo, *Noticias del Planeta Tierra*, A-Z Editora, Buenos Aires, 1998.

Bowler, Peter, *The environmental science*, W.W. Norton & Company Ltd., Nueva York, 1993.

Darwin, Charles, *El origen del hombre I*, Edimat Libros, Madrid, 1998.

De Ambrosio, Martín, *El mejor amigo de la ciencia, historia de perros y científicos*, Siglo XXI, Buenos Aires, 2004.

De Rosnay, Jöel, *Qué es la vida*, Salvat, Barcelona, 1993.

Echeverría, Javier, *Introducción a la metodología de la ciencia*, Cátedra, Madrid, 1999.

Elena, Alberto, *A hombros de gigantes*, Alianza Universidad, Madrid, 1989.

Fischer, Ernst Peter, *Aristóteles, Leonardo, Einstein y Cía*, Robinbook, Barcelona, 2006.

Gamow, George, *Uno, dos, tres..., infinito*, Espasa-Calpe, Madrid, 1969.

García Morente, Manuel, *Lecciones preliminares de filosofía*, Losada, Buenos Aires, 2001.

Geymonat, Ludovico, *Historia de la filosofía y de la ciencia*, Crítica, Barcelona, 1998.

Hawking, Stephen, *Historia del tiempo*, Crítica, Barcelona, 1996.

—, *A hombros de gigantes*, Crítica, Barcelona, 2002.

—, *El universo en una cáscara de nuez*, Crítica-Planeta, Barcelona, 2003.

Huber, Richard, *The american idea of success*, McGraw-Hill, Nueva York, 1971.

Jacob, François, *El ratón, la mosca y el hombre*, Crítica, Barcelona, 1998.

Klug, William, y Cummings, Michael, *Conceptos de Genética*, Prentice Hall-Iberia, Madrid, 1998.

Koyré, Alexandre, *Del mundo cerrado al universo infinito*, Siglo XXI, México, 1982.

Lederman, Leon, y Teresi, Dick, *La partícula divina: si el Universo es la respuesta, ¿cuál es la pregunta?*, Crítica, col. Drakontos, Barcelona, 1996.

Mayr, Ernst, *Una larga controversia: Darwin y el darwinismo*, Crítica, Barcelona, 1991.

Moledo, Leonardo, *De las tortugas a las estrellas*, A-Z Editores, Buenos Aires, 1994.

Moledo, Leonardo, y Rudelli, Máximo, *Dioses y demonios en el átomo*, Editorial Sudamericana, Buenos Aires, 1996.

Palma, Héctor, y Wolovelsky, Eduardo, *Darwin y el darwinismo*, Oficina de Publicaciones del CBC (UBA), Buenos Aires, 1996.

Penrose, Roger, *La nueva mente del emperador*, Mondadori, Barcelona, 1991.

Philips, Cynthia, y Priwer, Shana, *Todo sobre Einstein*, Robinbook, Barcelona, 2005.

Reale, Giovanni, y Antiseri, Dario, *Historia del pensamiento filosófico y científico*, Herder, Barcelona, 1995.

Singer, Peter, *Una izquierda darwiniana*, Crítica, Barcelona, 1999.

Strathern, Paul, *El sueño de Mendeleiev. De la alquimia a la química*, Siglo XXI, Madrid, 2000.

Velázquez, José Luis, *Del homo al embrión. Ética y biología para el siglo XXI*, Gedisa, Barcelona, 2003.

¿Existe Dios?
Victor J. Stenger

El gran enfrentamiento entre ciencia y creencia, entre fe y razón.

Victor J. Stenger considera que las herramientas tecnológicas y científicas actuales son suficientes como para pronunciarse sobre la existencia o inexistencia de Dios. Tras una honda reflexión sobre la historia de la tergiversación y la manipulación de los datos científicos Stenger concluye que, sin duda, la fe religiosa ha hecho de este mundo un lugar peor.

¿Por qué los gallos cantan al amanecer?
Joe Schwarcz

Un recorrido ameno por los misterios de la vida cotidiana que nos demuestra que la ciencia, bien explicada, resulta fascinante.

¿Por qué no debe usarse margarina *light* para freír? ¿Dónde creían los griegos que estaba situada la puerta del infierno? ¿Existe alguna diferencia entre las vitaminas naturales y las sintéticas? Aunque estas preguntas puedan parecerle de lo más extrañas, con ayuda de este libro puede entenderse el por qué de cada uno de estos fenómenos y otros más.

Radares, Hula hops y cerdos juguetones
Joe Schwarcz

¿Qué sucede si se mezclan varios productos de limpieza? ¿Es dañino el selenio que contienen las nueces? ¿Realmente existen zombis en Haití? ¿Hay alguna razón por la que algunas personas son calvas y otras no? ¿Por qué la homeopatía y las medicinas alternativas tienen tan buena prensa?

Fiel al estilo del que hizo gala en su anterior *¿Por qué los gallos cantan al amanecer?* Schwarcz vuelve a demostrar que la ciencia no está reñida con la amenidad ni tampoco con la independencia.

¿Cuánto pesa una nube?
Iris Hammelmann

¿Qué es la barrera del sonido? ¿Hay fruta en el zumo de frutas? ¿Por qué circula el tráfico por la derecha o por la izquierda según cada país? ¿Qué tamaño tiene una bomba atómica «de bolsillo»? Iris Hammelmann expone en esta interesante guía de divulgación científica las respuestas a éstas y otras muchas preguntas, y lo hace con argumentaciones razonadas y claras. En sus páginas hallará numerosas respuestas que le ayudarán a comprenderlo mejor y, sobre todo, espoleará un sentido de la curiosidad que le ayudará a vivir de una manera más intensa.

El enigma del cerebro
Shannon Moffett

Todos nos hemos sentido atraídos alguna vez por el cerebro, esa masa de poco más de un kilo y medio de peso encargada de controlar las funciones de nuestro cuerpo y mantener el contacto con el mundo exterior.

Con un estilo claro, la autora nos muestra todo lo que hay que saber acerca del cerebro: desde su estructura anatómica, su desarrollo o sus actividades habituales, hasta las teorías más recientes que intentan explicar procesos tan complejos y, por ahora, enigmáticos, como el sueño, el sentimiento religioso o la creatividad.

La física de los superhéroes
James Kakalios

En este libro, el reconocido profesor universitario James Kakalios demuestra, con tan sólo recurrir a las nociones más elementales del álgebra, que con más frecuencia de lo que creemos, los héroes y los villanos de los cómics se comportan siguiendo las leyes de la física. Acudiendo a conocidas proezas de las aventuras de los superhéroes, el autor proporciona una diáfana a la vez que entretenida introducción a todo el panorama de la física, sin desdeñar aspectos de vanguardia de la misma, como son la física cuántica y la física del estado sólido.